Gleitmodenregler für leistungselektronische Umrichter

Axaykumar Mehta · Brijesh Naik

Gleitmodenregler für leistungselektronische Umrichter

Springer Vieweg

Axaykumar Mehta
Department of Electrical Engineering
Institute of Infrastructure Technology
Research and Management
Ahmedabad, Gujarat, Indien

Brijesh Naik
Instrumentation and
Control Engineering Department
Sarvajanik College of
Engineering and Technology
Athwalines, Surat, Gujarat, Indien

ISBN 978-981-97-2491-8 ISBN 978-981-97-2492-5 (eBook)
https://doi.org/10.1007/978-981-97-2492-5

Die Deutsche Nationalbibliothek verzeichnet diese Publikation in der Deutschen Nationalbibliografie; detaillierte bibliografische Daten sind im Internet über https://portal.dnb.de abrufbar.

Übersetzung der englischen Ausgabe: „Sliding Mode Controllers for Power Electronic Converters" von Axaykumar Mehta und Brijesh Naik, © Springer Nature Singapore Pte Ltd. 2019. Veröffentlicht durch Springer Nature Singapore. Alle Rechte vorbehalten.

Dieses Buch ist eine Übersetzung des Originals in Englisch „Sliding Mode Controllers for Power Electronic Converters" von Axaykumar Mehta, publiziert durch Springer Nature Singapore Pte Ltd. im Jahr 2019. Die Übersetzung erfolgte mit Hilfe von künstlicher Intelligenz (maschinelle Übersetzung). Eine anschließende Überarbeitung im Satzbetrieb erfolgte vor allem in inhaltlicher Hinsicht, so dass sich das Buch stilistisch anders lesen wird als eine herkömmliche Übersetzung. Springer Nature arbeitet kontinuierlich an der Weiterentwicklung von Werkzeugen für die Produktion von Büchern und an den damit verbundenen Technologien zur Unterstützung der Autoren.

Planung/Lektorat: Aninda Bose
Springer Vieweg ist ein Imprint der eingetragenen Gesellschaft Springer Nature Singapore Pte Ltd. und ist ein Teil von Springer Nature.
Die Anschrift der Gesellschaft ist: 152 Beach Road, #21-01/04 Gateway East, Singapore 189721, Singapore

Gewidmet unseren Eltern

Vorwort

Der Leistungselektronikwandler (PEC) ist der wichtigste Teil verschiedener elektrischer und elektronischer Systeme. Verschiedene Robotersysteme, biomedizinische Systeme, moderne Computer und Mobiltelefonsysteme erfordern genau geregelte Stromversorgungen oder Schaltnetzteile (SMPS). Obwohl viele der Leistungselektronikgeräte im Open-Loop-Modus funktionieren, d. h., ohne jegliches Regelungssystem, gibt es bestimmte Systeme, die eine präzise/robuste Regelungsstrategie erfordern, um die Spannung oder den Strom auf gewünschten Ebenen im Falle von Laststörungen oder versorgungsseitigen Variationen aufrechtzuerhalten. Die Pulsweitenmodulation (PWM) ist die am meisten bevorzugte Technik für die Implementierung der Rückkopplungsregelung, die die Variation des Tastverhältnisses zur Regelung der Ausgangsspannung beinhaltet. Verschiedene Regelungsstrategien sind in der Literatur verfügbar. Unter ihnen hat die Gleitmodusregelung (SMC) aufgrund ihrer inhärenten Eignung für Schaltgeräte und auch ihrer Robustheitseigenschaft gegenüber bekannten Störgrößen in letzter Zeit an Beliebtheit gewonnen.

Der herkömmliche SMC wurde für verschiedene Leistungselektronikwandler verwendet, hat jedoch aufgrund der praktischen Begrenzung des Schaltens bestimmte Nachteile. Die Unvollkommenheiten im Schaltgerät und auch Sättigungs-Nichtlinearitäten führen zu einem stationären Fehler. Hier ist es erwähnenswert, dass die Einstellung der Reglerparameter eine sehr wichtige Rolle für die stationäre und dynamische Leistung des Wandlers spielt, insbesondere bei Lastschwankungen. Es wurde auch beobachtet, dass die Leistungswandler aufgrund der falschen Auswahl der Abstimmungsparameter instabil werden können. Im Falle des klassischen SMC-Reglers gibt es nur einen Abstimmungsparameter, der mehrere Aufgaben erfüllen muss: (i) Geschwindigkeit der Reaktion regeln; (ii) Lastschwankungen kompensieren. Daher ist die Auswahl für den Abstimmungsparameter eingeschränkt. Darüber hinaus ist der Abstimmungsparameter im Falle des klassischen SMC unter Lastschwankungsbedingungen nicht adaptiv, was nicht zulässt, dass der Bereich der Existenz (ROE), in dem der Gleitmodus existiert, variiert.

Es ist ein allgemein bekanntes Konzept in der SMC-Community, dass die integrale Gleitfunktion den stationären Fehler beseitigt. In dieser Monographie wird zunächst eine proportionale-integrale Art von Funktion für den DC/DC-Abwärtswandler vorgeschlagen, um den Nachteil des stationären Fehlers zu überwinden. Eine detaillierte Analyse des Existenzbereichs (ROE), der Stabilität und des Regler-Designs mit der vorgeschlagenen Gleitfunktion wird präsentiert. Darüber hinaus wird beobachtet, dass mit einer ordnungsgemäßen Abstimmung der Parameter ROE weniger empfindlich auf Lastschwankungen reagiert und daher ein adaptiver Mechanismus vorgeschlagen wird, um die Robustheit des Reglers zu verbessern. Die Leistung des vorgeschlagenen Regler-Schemas wird mit einer Simulation und experimentell unter den Störungen durch Lastschwankungen überprüft. Beide Ergebnisse werden auch mit der klassischen SMC-Technik verglichen, was zeigt, dass das vorgeschlagene Schema die herkömmlichen SMC-Techniken übertrifft.

Es wird festgestellt, dass die vorgeschlagene SMC mit proportional-integraler Gleitfunktion das endliche Erreichen nicht erleichtert und daher die Reaktionen der Lastspannung sich exponentiell dem stationären Zustand annähern. Daher wird die oben genannte Strategie ein wenig modifiziert, um ein endliches Erreichen zu ermöglichen, mit der neuen integralen Gleitmodusregelung mit endlichem Erreichen (ISMCFTR). Die Regelungstechnik wird außerdem auf den DC/DC-Aufwärtswandler angewendet, bei dem die Regelungsparameter adaptiv abgestimmt werden. Aus den Reaktionen geht hervor, dass die Laststörungen mit ISMCFTR schneller unterdrückt werden als mit herkömmlichem SMC.

Darüber hinaus schlägt diese Monographie einen SMC-Regler mit PI-Gleitfläche für den Zeta-Wandler vor, der ein nicht invertierender Abwärts-Aufwärts-Wandler ist. Hier liegt die Einschränkung in der Wahl der Gleitfläche und daher wird ein Regelgesetz vorgeschlagen, um die Leistung im stationären Zustand zu verbessern.

Bis jetzt wurden nur die DC/DC-Wandler diskutiert. Die DC/AC-Wandler sind jedoch in diesem Zeitalter von batteriebetriebenen Systemen von Interesse. Von heimischen Niedrigleistungs- bis hin zu aufwendigen Hochleistungs-/Medizin-/Industrieanwendungen sind die DC/AC-Aufwärtswandler, besser bekannt als Wechselrichter, das Herzstück vieler Arten von Geräten und erfordern eine sorgfältige technische Konstruktion. Die Regelung der Spannung und/oder Frequenz des AC-Signals ist von großem Interesse, und solche Wechselrichter sind als Wechselrichter mit variabler Spannung und Frequenz (VVVF) bekannt. Die Wechselrichter benötigen möglicherweise präzise Regler, abhängig von den Anforderungen der Systeme. Es ist vorzuziehen, eine gut konzipierte Regelungsstrategie zu verwenden, um Störungseffekte aufgrund von Versorgungs- oder Lastseitenschwankungen zu vermeiden. Hier wird versucht, einen SMC-Regler für den Wechselrichter zu entwerfen, um die Leistung unter Lastschwankungsbedingungen zu verbessern.

Für Anwendungen, die den Einsatz von DC/AC- oder AC/DC-Wandlern erfordern, ist es wünschenswert, dass der Eingangsleistungsfaktor auf einen optimalen Wert, d. h. nahe bei Eins, geregelt wird. Bei vielen DC-Stromversorgungen ist der

Eingangsleistungsfaktor von Interesse, da er das direkte Maß für die Gesamteffizienz ist. Es ist möglich, den Leistungsfaktor auf der Versorgungsseite so zu regeln, dass der Versorgungsstrom und die Spannung in Phase bleiben können und man kann einen Einheits- oder optimalen Leistungsfaktor gewährleisten. Natürlich erfordert dies zusätzliche Aufwand und kann manchmal Schaltverluste verursachen. Der für die Leistungsfaktorregelung geeignete Wandler ist der Aufwärts-Leistungsfaktorregler (Boost PFC). In dieser Monographie wird eine Entwurfsmethodik mit SMC-Technik für PFC vorgestellt. Die Simulationsergebnisse zeigen die Wirksamkeit des Algorithmus.

Es sei darauf hingewiesen, dass verschiedene SMC-Techniken in der breiten Literatur für PECs verfügbar sind. Der Hauptnachteil von SMC ist jedoch das Rattern (Chattering), ein unvermeidbares Phänomen, das die Leistung der schaltenden PECs verschlechtert. Unter allen verfügbaren Ratter-Dämpfungstechniken ist die Technik des höheren Gleitmodus beliebter geworden. In dieser Monographie wird eine Entwurfsmethodik für die Zwei-Gleitmodus-Regelung für den DC/DC-Abwärtswandler untersucht. Die Grenzen für die Einstellparameter des Reglers werden ermittelt und Stabilitätsbedingungen abgeleitet. Darüber hinaus werden auch Implementierungsrichtlinien für die praktische Umsetzung vorgestellt. Schließlich werden die Simulations- und Experimentierergebnisse präsentiert, um die Wirksamkeit des Wandlers zu zeigen.

Ahmedabad, Indien
Juni, 2018

Axaykumar Mehta
Brijesh Naik

Danksagungen

Es ist uns eine Freude, unsere Dankbarkeit gegenüber Lehrern[1], Kollegen und Studenten auszudrücken. Ohne die Unterstützung unserer Familienmitglieder wäre es fast unmöglich gewesen, diese Monographie zu veröffentlichen. Wir möchten allen Forschern und Beitragenden auf dem Gebiet der Gleitmodusregelung unseren aufrichtigen Dank aussprechen. Wir danken allen, die direkt oder indirekt dazu beigetragen haben, diese Monographie zu veröffentlichen. Schließlich danken wir auch dem Verlag und den Gutachtern für ihre Hilfe bei der Vorbereitung des vorletzten Entwurfs dieser Ausgabe.

Inhaltsverzeichnis

Über die Autoren

Axaykumar Mehta erhielt einen Bachelor of Engineering (1996) in Elektrotechnik von der Gujarat University Ahmedabad, einen Master of Technology (2002) mit Spezialisierung auf Steuerungssysteme vom Indian Institute of Technology Kharagpur und einen Ph.D. (2009) in System- und Steuerungstechnik vom Indian Institute of Technology Bombay.

Derzeit ist er Professor für Elektrotechnik und Informatik und Dekan für akademische Angelegenheiten am Institut für Infrastruktur, Technologie, Forschung und Management (IITRAM) in Ahmedabad, Indien. Zuvor war er als Direktor am Gujarat Power Engineering and Research Institute in Gujarat, Indien, tätig. eine assoziierte Fakultät am Indian Institute of Technology Gandhinagar, Indien; Gastprofessor am Institut für Automatische Steuerung der Technischen Universität Lodz, Polen und wissenschaftlicher Mitarbeiter an der Universität Cagliari, Italien.

Seine aktuellen Forschungsinteressen sind die zeitdiskrete Sliding-Mode-Steuerung für Multiagentensysteme und deren Anwendungen in der Robotik, Luftfahrzeugen, Mikronetzen usw. Er hat 4 Monographien zur Sliding-Mode-Steuerung und 4 Leitartikel bei Springer Nature Singapore verfasst. Er hat ein Zentrum für fortschrittliche Verteidigungstechnologien am IITRAM, ein Robotikmuseum in der Gujarat Science City Ahmedabad und Designlabors an den Government Engineering Colleges von Gujarat gegründet. Er fungierte außerdem als Organisationsvorsitzender der International Conference on Power, Control and Communication Infrastructure 2019.

Er ist Mitglied des Technischen Komitees für variable Struktur und Gleitmodussteuerung unter der Schirmherrschaft der IEEE Control System Society, Fellow-Mitglied – Institute of Engineers (I), Senior-Mitglied – IEEE, IEEE Industrial Electronics Society (IES), IEEE Control System Society, Lebenslanges Mitglied der Indian Society for Technical Education (ISTE) und der Systems Society of India (SSI). Er ist außerdem vom Institute of Engineers (I) als Chartered Engineer in Electrical Engineering anerkannt.

Brijesh Naik hat einen M.Tech. vom Indian Institute of Technology Bombay, Indien, und erhielt seinen Ph.D. von der Gujarat Technological University, Ahmedabad, Indien. Derzeit ist er Associate Professor in der Abteilung für Instrumentierung & Kontrolle, Sarvajanik College of Engineering and Technology, Surat, Indien. Er hat 16 Jahre Erfahrung in Lehre und Forschung. Er hat Kurse zu verschiedenen Themen unterrichtet, einschließlich Prozessinstrumentierung, moderne digitale Regelungssysteme, Mess- und Instrumentierungstechnik, biomedizinische Instrumentierung, industrielle Regelungssysteme und Leistungselektronik. Er hat auch eine Reihe von Forschungsarbeiten in renommierten Zeitschriften und Konferenzen veröffentlicht. Er ist Mitglied der Institution of Engineers, Indien.

Abkürzungsverzeichnis

DSC	Digitaler Signalcontroller
GPIO	Allgemeine Eingabe-Ausgabe
HOSM	Gleitmodus höherer Ordnung
HOSMC	Gleitmodusregelung höherer Ordnung
ISMCFTR	Integral-SMC mit endlicher Erreichungszeit
LTI	Lineares zeitinvariantes (System)
LTV	Lineares zeitvariantes (System)
PCL	Prescribed Convergence Law
PEC	Leistungselektronische Wandler
PFC	Leistungsfaktorregler
PI	Proportional-Integral
PID	Proportional-Integral-Differenzial
ROE	Bereich der Existenz
SMC	Gleitmodusregelung
SMPS	Schaltnetzteil
SOSMC	Gleitmodusregelung zweiter Ordnung
THD	Gesamte harmonische Verzerrung
VSC	Strukturvariable Regelung
VSS	Strukturvariables System

Nomenklatur

r_L	Lastwiderstand, Ω
α	Abstimmungsparameter des Gleitmodusreglers
β	Spannungsteilerverhältnis
T	Modifizierte Gleitfunktion
E	Reine Gleichspannungseingabe
V_i	Gleichspannungseingang vom Regler
γ	Abstimmungsparameter des Gleitmodusreglers
C	Kondensator in F
L	Induktivität in H
D	Diode
SW	Schalter
V_{ref}	Referenzspannung in V
I_{ref}	Referenzstrom in A
V_d	Gewünschte Spannung
V_μ	Skalierte Referenzspannung
κ	Abstimmungsparameter für SOSMC
ψ	Abstimmungsparameter für SOSMC
S	Gleitfläche
u	Steuergröße
ε	Hysterese in Schaltelementen
x_i	i-ter Zustand
i_r	Laststrom in A
i_L	Strom durch Induktivität in A
i_C	Kondensatorstrom in A
t	Zeit
f	Versorgungsfrequenz in Hz
f_s	Schaltfrequenz in Hz
χ	Nominales Tastverhältnis
ρ	Tastverhältnis oder Einschaltdauer
W	Periodendauer des PWM-Signals
K	Zustandsrückkopplungsreglerverstärkung

A	Zustandsraum-Systemmatrix
B	Aktuator-Verstärkungsmatrix
V	Lyapunov-Funktion
δx_{ie}	Abweichung des Zustands x_i vom Gleichgewichtspunkt x_{ie}
V_{con}	Regelungsspannung für PWM-Signal
τ	$\frac{t}{LC}$
Q	$R\sqrt{\frac{C}{L}}$
g,f,h	Funktion des Zustandsvektors und der Zeit
σ	Gleitfläche im Fall von SOSMC
K_m	Untergrenze
K_M	Obergrenze
Γ	Funktion von σ im Falle von SOSMC
κ	Abstimmungsparameter für SOSMC
Z	Grenze für einen Parameter

Kapitel 1
Einleitung

1.1 Hintergrund

Die Gleitmodus-Regelungtechnik (SMC), auch bekannt als Variable Structur System (VSS), hat ihre Wurzeln in der Sowjetunion. Sie wurde jedoch erst der Weltöffentlichkeit bekannt, als Itkis [10] ein Buch veröffentlichte und Utkin [30] einen Forschungsartikel in den IEEE Transactions veröffentlichte. Viele Forscher [3, 4, 6, 7, 21] in der Sowjetunion und Frankreich [9] haben ausreichend gearbeitet und eine starke Basis für die Entwicklung der SMC-Technik geschaffen. Die SMC wurde aus der Relais-Rückkopplungsregelungstechnik abgeleitet. Die bedeutendsten Faktoren der SMC-Technik sind der Erreichungsmodus (RM), der Gleitmodus (SM) und der stationäre Modus (SS). Die Begriffe haben sehr spezifische Bedeutungen. Ausgehend vom Anfangszustand wird die Phasentrajektorie während des RM zur Gleitfläche hingezogen. Sobald die Phasentrajektorie die Fläche erreicht, gleitet sie zum Ursprung der Phasenebene, genannt SM. Dann bleibt die Phasentrajektorie am Ursprung und ein stationärer Zustand wird erreicht. Die gesamte Aufgabe des Entwerfens eines SMC-Gesetzes erfordert ein ziemlich gutes mathematisches Modell des Systems. Die Schaltkomponente im SMC-Gesetz ist in den meisten Fällen erwünscht, um sicherzustellen, dass die Phasentrajektorie die Gleitfläche nicht verlässt und somit den Ursprung erreicht. Sobald die Trajektorie die Gleitphase erreicht, werden die Systemdynamiken von den Oberflächendynamiken bestimmt und daher ist das System immun gegen messbare Störgrößen. Die Schaltkomponente im Regelgesetz führt jedoch zu hochfrequentem Rattern und daher ist ihre Anwendung auf das reale System etwas herausfordernd.

Die SMC-Technik wird auf eine breite Klasse von Systemen wie lineare zeitinvariante, lineare zeitvariante, nichtlineare, verzögerte Systeme im Bereich der Elektrosysteme, mechanischen Systeme usw. angewendet. Leistungselektronik, ein spezifischer Bereich in der Energietechnik, nutzt ebenfalls die SMC-Technik. In der Literatur werden die meisten Leistungselektronikwandler (PEC) mit

A. Mehta und B. Naik, *Gleitmodenregler für leistungselektronische Umrichter*,
https://doi.org/10.1007/978-981-97-2492-5_1

PWM-basierten PI- oder PID-Reglern geregelt. Utkin [31, 32] schlug jedoch in seinem Buch von 1999 SMC für viele PEC wie Abwärtswandler, Aufwärtswandler und Gleichrichter vor. Seitdem haben viele Forscher auf diesem Gebiet Beiträge geleistet. Da die SMC von Natur aus diskontinuierlich ist, eignet sie sich aufgrund der Beteiligung der Schaltaktion im Wandlerkreis besonders gut für schaltende PEC. Der zunehmende Einsatz von Robotern und anderen mobilen elektrisch-elektronischen Systemen erfordert eine hohe Nachfrage nach stabilen und gut kontrollierten PEC. Diese Art von Systemen ist häufig Veränderungen in der elektrischen Last, Schwankungen auf der Versorgungsseite und Parameteränderungen ausgesetzt. Die SMC kann die Wahl sein, da sie Robustheit gegenüber denselben bieten kann.

Obwohl es nicht immer einfach ist, gute Regelsysteme mit klassischen Techniken zu entwerfen [1, 22], stehen einige Tools für das Design zur Verfügung und das sind einige professionelle Softwaretools [14, 34]. Es gibt viele Arten von analogen Kompensatoren, die als Typ-I-, -II- und -III-Kompensatoren bezeichnet werden [1, 8, 23].

Die Modellierung von PEC und Regelungstechniken wird in einer Vielzahl von Büchern und Forschungsartikeln diskutiert [1, 24, 31]. In [16] schlugen sie einen allgemeinen einheitlichen Ansatz zur Modellierung für PECs vor. Die Modellierung, Regelung und detaillierte Analyse verschiedener PECs kann auch in [24] gefunden werden. Mit verschiedenen Methoden wurden eine Vielzahl von Regelalgorithmen implementiert. Eine der Hauptaufgaben des Reglers besteht darin, die Lastspannung des Wandlers zu regeln. In [25] haben sie eine großsignalige nichtlineare Regeltechnik (One Cycle Control) vorgestellt, die das Tastverhältnis eines Schalters dynamisch regelt, sodass in jeder Periode der Durchschnittswert der geregelten Variable proportional zur Referenz ist. Die Technik ist gut darin, Störungen der Versorgungsspannung zu unterdrücken, die Auswirkungen von Laststörungen werden jedoch ausgeschlossen. Mit dem frequenzdomänenbasierten Regler-Designansatz wird die Spannungsregelung des auf Pulsweitenmodulation (PWM) basierenden DC/DC-Schaltwandlers diskutiert [13]. Das Kleinsignalmodell des Wandlers wird verwendet. Die SMC hat sich nach Utkin [32] zu einer beliebten Regeltechnik im Bereich der Leistungselektronik entwickelt. Utkin diskutiert ihre Anwendungen auf verschiedene PECs. In vielen Fällen wird die SMC auf verschiedene Leistungselektronik- und elektromechanische Systeme angewendet [5, 32]. Die Grundlagen der SMC können in [15] gefunden werden. Das Design, die Analyse und die Experimente von DC/AC-Aufwärtswandler mit SMC werden von Caceres und Barbi [2] vorgestellt. Eine gute grafische und analytische Erklärung für DC/DC-PEC unter SMC ist in [26] verfügbar. In dem Artikel [12] schlugen sie einen Festfrequenz-Hysterese-Regler (FFHC) vor. Dieser

Regler verwendet SMC und FFHC mit Hysterese-Band. In [20, 33] haben sie eine SMC-basierte Technik zur Regelung von PECs beschrieben. Im Jahr 2012 schlug Hasan [11] die adaptive Terminal-SMC für den DC/DC-Abwärtswandler mit nichtlinearer Gleitfläche vor. Dieses Regelgesetz garantiert ein Erreichen in endlicher Zeit. Die Auswirkung der Lastvariation wird für den Wandler unter der vorgeschlagenen Regelstrategie untersucht.

Tan [27–29] schlug eine Gleitmodusregelung mit hybrider Modellierung für verschiedene PECs vor. Die Existenzbedingungen für Gleitmodi wurden ebenfalls abgeleitet und der Begriff Region of Existence (ROE) wurde geprägt. Es wurde auch festgestellt, dass höhere Werte der Reglerparameter zu anhaltenden Schwingungen führen können, insbesondere bei PEC mit Hochleistungsanwendungen [17]. Darüber hinaus führt die herkömmliche SMC für PEC zu einem stationären Fehler in der Lastspannung für eine gegebene Referenz. Auch die ROE ist nicht fest auf der Phasenebene und variiert tatsächlich je nach Laststörungen. Dafür schlug Tan [29] eine adaptive Abstimmung vor, die jedoch die Messung des Laststroms erforderte. Zur Beseitigung des stationären Fehlers wurde eine Doppelintegral-Gleitfläche vorgeschlagen. In [18] schlugen sie einen modifizierten SMC-Regler zur Verbesserung der stationären Leistung vor. Die Reduzierung des Ratterns ist jedoch immer noch eine Herausforderung. Im Allgemeinen benötigen der stationäre Fehler und die Dämpfung des Ratterns mehr Aufmerksamkeit von der Forschungsgemeinschaft.

Mit diesem Hintergrund konzentriert sich diese Monografie auf die Minimierung des stationären Fehlers in der geregelten Variable und die Verbesserung der Robustheit von PEC mit modifizierter Gleitfunktion. Einige PECs wie Abwärts-, Aufwärts- und Abwärts-Aufwärts(Zeta-)Wandler werden mit dem vorgeschlagenen SMC-Gesetz mit PI-Typ-Gleitfunktion getestet. Das vorgeschlagene SMC erwies sich als besser bei der Beseitigung des stationären Fehlers. Die ROE und die Robustheit gegenüber Laststörungen werden ebenfalls untersucht. Die Notwendigkeit einer adaptiven Abstimmung aufgrund der Lastanforderung besteht mit diesem vorgeschlagenen SMC nicht mehr, und daher ist keine zusätzliche Messung des Laststroms erforderlich. Es wurde auch bewiesen, dass das vorgeschlagene SMC zur Minimierung des stationären Fehlers führt. Die detaillierte Analyse für Stabilität und Schaltfrequenz wird präsentiert. Darüber hinaus werden auch einige Anstrengungen unternommen, um neueste Techniken wie HOSMC-Zweite-Ordnung-SMC (2-Sliding-Mode-Control) zur Dämpfung des Ratterns in der geregelten Variable von PEC zu nutzen [19]. Die gesamte Forschungsanstrengung besteht darin, die Nachführreaktion verschiedener PECs wie Abwärts-, Aufwärts, Zeta-, DC/AC-Wandler und Leistungsfaktorregler (PFC) mit dem SMC zu verbessern. Die Hauptbeiträge dieser Monografie lauten zusammengefasst wie folgt.

1.2 Beiträge der Monografie

Die Hauptbeiträge dieser Monografie sind wie folgt:

1.2.1 Einführung in die Gleitmodusregelung und Überprüfung der klassischen Regelung von leistungselektronischen Wandlern

Es wird eine Literaturübersicht über die klassische Zustandsrückkopplungs- und Gleitmodus-Regelungstheorie und leistungselektronische Wandler vorgestellt. Die Grundlagen der Gleitmodus-Regelungsstrategie werden anhand eines geeigneten Beispiels diskutiert. Die Zustandsrückkopplungsregelung für den DC/DC-Abwärtswandler wird entworfen und ihre Wirksamkeit wird bei Laststörungsvariationen untersucht.

1.2.2 Gleitmodusregler mit PI-Typ-Gleitfunktion für DC/DC-Abwärtswandler

Der SMC mit einer proportional-integralen Gleitfunktion für den Abwärtswandler wird vorgeschlagen. Die Stabilitätsnachweise und der Null-Fehler im stationären Zustand werden vorgestellt. Die Simulations- und Versuchsergebnisse werden präsentiert. Es wird gezeigt, dass das vorgeschlagene SMC-Gesetz für den Abwärtswandler eine bessere stationäre Antwort der Lastspannung als das herkömmliche SMC für eine gegebene Referenz ergibt. Die Wirksamkeit des vorgeschlagenen SMC-Gesetzes wird bei Laststörungsvariationen bewertet. Das vorgeschlagene SMC-Gesetz bietet Robustheit gegen Laststörungen. Auswirkungen von Variationen in den Reglerparametern werden untersucht. Die Diskussion über Stabilität, Frequenzgrenzen des Schaltgeräts und die stationäre Leistung der Lastspannung wird vorgestellt. Darüber hinaus wird zur Erleichterung des Erreichens in endlicher Zeit der integrale SMC mit Erreichen in endlicher Zeit (ISMCFTR) vorgeschlagen. Mit ISMCFTR wird die Lastspannung gezwungen, innerhalb einer endlichen Zeit gleich der Referenzspannung zu sein. Die Richtlinien für die Einstellung der Parameter des ISMCFTR werden gegeben. Simulationsresultate demonstrieren die Wirksamkeit des Systems unter ISMCFTR.

1.2.3 Gleitmodusregler mit PI-Typ-Gleitfunktion für DC/DC-Aufwärtswandler

Der vorgeschlagene SMC mit PI-Typ-Gleitfunktion wird auf den DC/DC-Aufwärts- oder Step-up-Wandler angewendet. Hier wird der adaptive Mechanismus verwendet, um die Leistung des Wandlers in Bezug auf die Qualität der Lastspannung bei Vorhandensein von Laststörungen zu verbessern. Die ROE wird auch für einen vorgeschlagenen Algorithmus definiert. Es wird mit Simulationsresultaten gezeigt, dass die Ablehnung von Laststörungen mit dem vorgeschlagenen adaptiven SMC-Gesetz recht schnell ist.

1.2.4 Gleitmodusregler mit PI-Typ-Gleitfunktion für Zeta-Wandler

Der Zeta-Wandler ist eine Art von Abwärts-Aufwärts-Wandler mit nichtinvertierendem Ausgang. Es handelt sich um ein komplexes nichtlineares (bilineares) System vierter Ordnung. Die Einschränkungen hier bei der Auslegung des SMC sind die Wahl der Gleitmanigfaltigkeit, die durch den vorgeschlagenen Algorithmus überwunden wird. Der vorgeschlagene SMC reduziert den stationären Fehler in der Lastspannung für eine gegebene Referenz.

1.2.5 Anwendung des Gleitmodusreglers mit PI-Typ-Gleitfunktion für Wechselrichter und Leistungsfaktorregler

Die Idee, einen Sinuswechselrichter mit Zeta-Wandler als Vorstufe zu entwerfen, wird vorgeschlagen. Die Leistung wird mit dem vorgeschlagenen und dem herkömmlichen SMC-Gesetz verglichen. Darüber hinaus wird ein Leistungsfaktorregler mit DC/DC-Aufwärtswandler und vorgeschlagenem SMC-Gesetz entworfen und die Leistung wird mit dem PWM/PI-Regler verglichen.

1.2.6 Gleitmodusregelung zweiter Ordnung mit Ausgangsrückkopplung für DC/DC-Abwärtswandler

Der Hauptnachteil der Implementierung des klassischen SMC-Gesetzes ist das Rattern, das durch die Gleitmodus-Regelungsstrategie zweiter Ordnung abgeschwächt werden kann. Hier wird eine Entwurfsmethodik für den DC/

DC-Abwärtswandler mit SOSMC vorgestellt, die auf das SOSMC-Gesetz mit Ausgangsrückkopplung erweitert wird. Die Leistung des Abwärtswandlers mit SOSMC wird bewertet und auch mit der des herkömmlichen SMC verglichen. Für die Auslegung des SOSMC für den Abwärtswandler ist es erforderlich, die Grenzen der Störgrößen zu bewerten. Darüber hinaus werden die Auswirkungen der Abstimmungsparameter auf die Lastspannung analysiert. Es wird durch Simulation und experimentell nachgewiesen, dass die Leistung des Abwärtswandlers mit SOSMC im Vergleich zum herkömmlichen SMC überlegen ist.

1.2.7 Aufbau der Monografie

Die Monografie untersucht DC/DC-Abwärts-, -Aufwärts- und -Zeta-Wandler mit dem vorgeschlagenen modifizierten SMC-Regler und die Leistung wird mit dem herkömmlichen SMC-Gesetz verglichen. Die Monografie bietet auch Implementierungsrichtlinien für reale Anwendungen. Darüber hinaus beinhaltet die Monografie die modernen SMC-Techniken, die als SMC höherer Ordnung oder 2-Gleitmodusregler für den Abwärtswandler bekannt sind, die die Ratter-Effekte abschwächen.

Die Monografie ist wie folgt aufgebaut:

Dieses Kapitel bietet den Hintergrund und die Literaturübersicht zur Gleitmodusregelungstechnik und den Reglerentwurfsmethoden für DC/DC-Wandler.

In Kap. 2 wird die Überprüfung der kontinuierlichen SMC mit ihrer Robustheitseigenschaft gegen die messbaren Störgrößen diskutiert. Das Modell des DC/DC-Abwärtswandlers und sein AC-Äquivalentmodell, das für den Entwurf verwendet wird, wird ausführlich diskutiert. Um mit dem Reglerentwurf zu beginnen, werden zunächst die klassischen Ansätze zur Auslegung des Kompensators für den PEC vorgestellt und auch auf den Zustandsrückkopplungsregler erweitert. Darüber hinaus werden zur Erläuterung der Entwurfsprinzipien auch Richtlinien für die Auslegung des Kompensators vorgestellt.

Kap. 3 diskutiert den Entwurf des SMC-Reglers mit proportionaler plus integraler Gleitfunktion für den DC/DC-Abwärtswandler. Die Simulations- und Versuchsergebnisse werden vorgestellt, um die Wirksamkeit des Reglers zu zeigen.

In Kap. 4 wird die vorgeschlagene Methodik des SMC mit PI-Gleitfunktion für den DC/DC-Aufwärtswandler erweitert. Außerdem wird der adaptive Verstärkungsmechanismus zur Abstimmung der Reglerverstärkung vorgeschlagen, um den Algorithmus an Lastvariationen anzupassen. Die Wirksamkeit der Regelungsstrategie wird mit Simulationsresultaten bewertet.

Kap. 5 und 6 präsentieren den Entwurf des Zeta-Wandlers mit dem vorgeschlagenen SMC-Algorithmus und seine Anwendung zur Auslegung eines Sinuswechselrichters für Niedrigleistungs-AC-Anwendungen. Darüber hinaus wird die Leistung des Leistungsfaktorreglers mit Zeta-Wandler auch in der Simulation mit PWM+PI und SMC-Gesetz getestet.

Kap. 7 präsentiert den Entwurf des DC/DC-Abwärtswandlers mit 2-Gleitmodusregler. Der Vergleich der Lastspannungsantworten mit dem herkömmlichen SMC-Gesetz und dem 2-Gleitmodus-Regelgesetz wird vorgestellt. Die Implementierungsrichtlinien werden ebenfalls bereitgestellt. Die Stabilitätsgrenzen der Reglerparameter werden ermittelt. Die Simulations- und Versuchsergebnisse werden vorgestellt, um die Wirksamkeit des Reglers zu zeigen.

Schließlich werden die Schlussfolgerungen der gesamten Forschungsarbeit in Kap. 8 vorgestellt, gefolgt von dem Ausblick auf zukünftige Arbeiten.

Literatur

1. Ang, S., Oliva, A.: Power Switching Converters. CRC Press, Taylor and Francis Group, Boca Raton (2005)
2. Caceres, R., Barbi, I.: A boost DC-AC converter analysis, design and experimentation. IEEE Trans. Power Electron. **14**(1), 134–141 (1999)
3. Dolgolenko, Yu.V.: Sliding modes in relay indirect control systems. In: Proceeding of 2nd All-Union Conference on Control (1955)
4. Drazenovic, B.: The invariance conditions in variable structure systems. Automatica, Pergamon Press **5**(3) (1969)
5. Edwards, C., Spurgeon, S.: Sliding Mode Control Theory and Applications. Taylor & Francis, London (1998)
6. Emelyanov, S.V.: Method of designing complex control algorithms using an error and its first time-derivative only. Autom. Remote Control **18**(10) (1957)
7. Emelyanov, S.V.: Theory of Variable Structure Systems. Nauka, Moscow (1970)
8. Fan, H.: Design tips for an efficient non-inverting buck-boost converter. Analog Applications Journal, Texas Instruments, S. 20–25 (2014)
9. Hamel, B.: Contribution a l'étude mathématique des systèmes de réglage par tout-ou-rien (1949). (in French)
10. Itkis, Yu.U.: Control Systems of Variable Structure. Wiley, New York (1976)
11. Komurcugil, H.: Adaptive terminal sliding-mode control strategy for DC-DC buck converters. ISA Trans. **51**, 673–681 (2012). (Elsevier)
12. Maity, S., Suraj, Y.: Analysis and modeling of an FFHC-controlled DC-DC buck converter suitable for wide range of operating conditions. IEEE Trans. Power Electron. **27**(12), 4914–4924 (2012)
13. Martinez-Salamero, L., Cid-Pastor, A., Aroudi, A.E., Giral, R., Calvente, J., Ruiz-Magaz, G.: Sliding-mode control of DC-DC switching converter, S. 1910–1916. Preprints of the 18th IFAC World Congress, Milano, Italy (2011)
14. Mattingly, D.: Designing stable compensation networks for single phase voltage mode buck regulators. Technical Brief, Intersil (TB417.1) (2003)
15. Mehta, A., Bandyopadhyay, B.: Frequency-Shaped and Observer-Based Discrete-Time Sliding Mode Control. Springer, Berlin (2015)
16. Middlebrook, R., Cuk, S.: A general unified approach to modelling switching converter power stages. IEEE Power Electron. Spec. Conf. 73–86 (1976)
17. Naik, B., Mehta, A.: Sliding mode controller with modified sliding function for buck type converters. In: 22nd IEEE International Symposium on Industrial Electronics. Taipei (2013)
18. Naik, B., Mehta, A.: Sliding mode controller with modified sliding function for DC-DC buck converter. ISA Trans. **70**, 279–287 (2017). (Elsevier)
19. Naik, B., Mehta, A.: DC-DC buck converter with second order sliding mode control: analysis design and implementation. Int. J. Power Electron. Inderscience (Accepted for publication) **12**, 149–168 (2020)

20. Perry, A.G., Fen, G., Liu, Y.F., Sen, P.: A new sliding mode like control method for buck converter. In: 35th Annual IEEE Power Electronics Specialists Conference, S. 3688–3693. Aachen, Germany (2004)
21. Popovski, A.M.: Linearization of sliding operation mode for a constant speed controller. Autom. Remote Control **2**(3) (1950)
22. Pressman, A.I.: Switching Power Supply Design. Mc-Graw Hill, New York (1991)
23. Rahimi, A., Parto, P., Asadi, P.: Compensator design procedure for buck converter with voltage mode error-amplifier. Application Note, International Rectifier (AN-1162) (2011)
24. Sira-Remirez, H., Silva-Ortigoza, R.: Control Design Techniques in Power Electronics Devices. Springer, London (2006)
25. Smedley, K.M., Cuk, S.: One-cycle contol of switching converters. IEEE Trans. Power Electron. **10**(6), 625–633 (1995)
26. Spiazzi, G., Mattavelli, P., Rossetto, L.: Sliding mode control of DC-DC converters, University of Padova, Italy
27. Tan, S.C., Lai, Y.M., Tse, C.K.: On the practical design of sliding mode voltage controlled buck converter. IEEE Trans. Power Electron. **20**(2), 425–436 (2005)
28. Tan, S.C., Lai, Y.M., Tse, C.K.: Indirect sliding mode control of power converters via double integral sliding surface. IEEE Trans. Power Electron. **23**(2), 600–611 (2008)
29. Tan, S.C., Lai, Y.M., Tse, C.K.: Sliding Mode Control of Switching Power Converters. CRC Press, Boca Raton (2012)
30. Utkin, V.: Variable structure systems with sliding mode. IEEE Trans. Autom. Control **22**(2), 212–222 (1977)
31. Utkin, V.I.: Sliding Modes and Their Applications in Variable Structure Systems. Mir, Moscow (1978)
32. Utkin, V., Guldner, J., Shi, J.: Sliding Mode Control in Electromechanical Systems. Taylor & Francis, London (1999)
33. Wang, Q., Li, T., Feng, J.: Discrete time synergetic control for DC-DC converter. In: PIERS Proceedings, S. 1086–1091. Xi'an, China (2010)
34. Zhang, H.: Modeling and loop compensation design of switch mode power supplies. Application Note 149, Linear Technology (149-1) (2015)

Kapitel 2
Einführung in die Gleitmodusregelung von Leistungselektronikwandlern

2.1 Einführung

Die Gleitmodusregelung (SMC) ist seit Langem von Interesse für Forschungswissenschaftler und Ingenieure. Ihre Anwendbarkeit auf eine Vielzahl von Systemen und ihre inhärente Robustheit gegenüber Eingangsstörungen sind die Hauptgründe, die sie zu einer der leistungsfähigsten Regelungsstrategien machen. Die SMC ist eine neue Form der diskontinuierlichen Regelung, die für viele Ingenieure in Frankreich [10] und der UdSSR [11, 19] von Interesse war. Im Grunde genommen analysierten sie das Problem der Oszillationen in Zweipunktregelungssystemen. Die ersten Studien befassten sich mit der Analyse von Oszillationen in der Zweipunktregelung; später wandte es sich schnell dem Syntheseproblem auf verschiedene Weisen zu. Eine der Wege war die zeitoptimale Regelung, und der andere befasste sich mit Robustheit und Linearisierung. Das Ziel beider Ansätze war ganz unterschiedlich. Sie hatten jedoch viel gemeinsam.

Anfang der 1960er Jahre wurde das erste grundlegende SMC-Gesetz entdeckt. Davor suchten viele Regelungsingenieure nach dem Regelgesetz, das Robustheit gegenüber Variationen in den Systemparametern für militärische und luftfahrttechnische Anwendungen bieten könnte. Die 1962 von B. Hamels veröffentlichten Ideen dazu waren der Auftakt zu weiteren Studien über nichtlineare Regler.

In der Mitte des zwanzigsten Jahrhunderts haben einige russische Wissenschaftler [6, 7, 16] eine ganz neue Richtung im Bereich der Regelungssystemtechnik eingeschlagen, die allgemein als Gleitmodusregelung oder strukturvariable Regelung bekannt ist. Viele Forscher haben auf diesem Gebiet Beiträge geleistet [3, 20] und Experimente mit Gleitmodusregelung für reale komplexe Anwendungen durchgeführt. Die SMC-Gesetze präsentierten zwei verschiedene Aspekte:

A. Mehta und B. Naik, *Gleitmodenregler für leistungselektronische Umrichter*,
https://doi.org/10.1007/978-981-97-2492-5_2

- Kluge Kombinationen von linearen und nichtlinearen Signalen, die eine pseudolineare Regelung bieten.
- Sie erzeugen Gleitbewegungen durch Schaltaktionen oder Kommutationen.

Betrachten Sie den Fall des Doppelintegrators. Die Übertragungsfunktion des Systems ist gegeben durch

$$\frac{y(s)}{u(s)} = \frac{a^2}{s^2}. \tag{2.1}$$

Wobei y die Ausgabe bezeichnet und u die Stellgröße oder Eingabe in das System ist. Lassen Sie die Zustände wie folgt definiert sein:

$$\dot{x_1} = x_2 \tag{2.2}$$

$$\dot{x_2} = a^2 u. \tag{2.3}$$

Außerdem beachten Sie, dass $y = x_1$. Lassen Sie das Regelgesetz u durch die folgende Gleichung definiert sein.

$$u = -|x_1|\mathrm{sgn}(x_1 + \alpha x_2) \tag{2.4}$$

In Gl. (2.4) ist der Term $x_1 + \alpha x_2 = S$ die Schaltfunktion, Gleitfunktion oder Gleitfläche. Das Regelgesetz wechselt beim Überqueren der Linie $S = 0$. In Abb. 2.1 werden die Phasentrajektorien unter dem SMC-Gesetz gezeigt. Es gibt vier Regionen in der Phasenebene, die als I, II, III und IV bezeichnet werden.

In den Regionen II und IV ist die Bedingung $x_1\mathrm{sgn}(S) < 0$ erfüllt und die Phasentrajektorien sind Hyperbeln mit Asymptoten $x_2 = \pm a x_1$. Während in

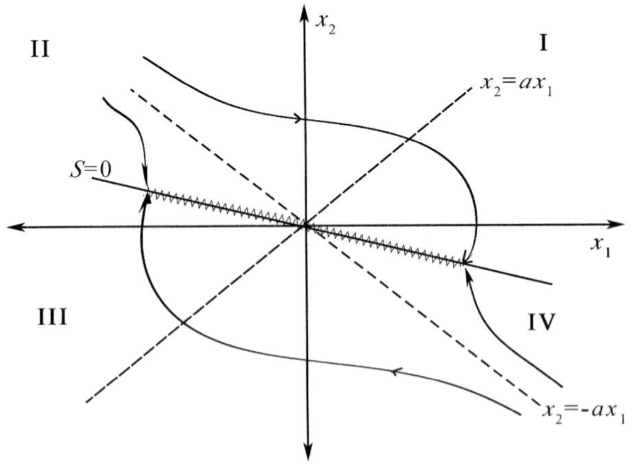

Abb. 2.1 Trajektorien in der Phasenebene

den Regionen I und II die Bedingung $x_1 \mathrm{sgn}(S) > 0$ erfüllt ist und die Phasentrajektorien Ellipsen mit der Gleichung sind,

$$a^2 {x_1}^2 + {x_2}^2 = constant. \tag{2.5}$$

Mit $\alpha > 0$ kann sichergestellt werden, dass die Phasentrajektorien die Gleitfunktion treffen und dadurch die Gleitbewegung über die Gleithyperfläche stattfindet, die die Trajektorien zum Ursprung der Phasenebene führt. Diese Tatsache kann in Abb. 2.1 visualisiert werden. Grundsätzlich ist während der idealen Gleitbewegung, wo $S = 0$, die Beziehung zwischen den Zuständen $\dot{x_1} = -\frac{x_1}{\alpha}$ und daher ist die Bedingung $x_1 \dot{x_1} < 0$ etabliert. Dies besagt, dass die positiv-definite Funktion $L = \frac{{x_1}^2}{2}$ minimiert wird, was zur Zustandsregelung führt. Es ist jedoch nicht immer der Fall, dass die Gleitbewegung beim ersten Treffen der Phasentrajektorie auf die Gleitfläche auftritt. Wie zum Beispiel leicht zu sehen ist, wenn das Regelgesetz definiert ist als

$$u = -\mathrm{sgn}(S) \tag{2.6}$$

Dann tritt die Gleitbewegung auf, wenn die Bedingung $|x_2| < \alpha a^2$ erfüllt ist. Diese Tatsache kann hergeleitet werden, indem man die zeitliche Ableitung der Energie-Funktion der Gleithyperfläche $\left(\frac{S^2}{2}\right)$ betrachtet und sie kleiner null setzt, d.h., dass $S\dot{S} < 0$ erfüllt ist. Diese Bedingung ist als Erreichungsbedingung bekannt.

Es ist interessant zu bemerken, dass das System der Gln. (2.4) und (2.5) eine Lösung hat, wenn u Lipschitz-stetig [2] und somit stetig ist. Daher ist die klassische Theorie der gewöhnlichen Differentialgleichungen nicht mehr nützlich. Die SMC in einer breiteren Sicht befasst sich mit den Differentialgleichungen mit der diskontinuierlichen rechten Seite [2, 8]. Im folgenden Abschnitt wird das Design der SMC mit kontinuierlicher Zeit für lineare zeitinvariante Systeme vorgestellt.

2.2 Gleitmodus-Regelungstechnik

Vadim Utkin veröffentlichte 1978 [20] und 1999 [21] seine populäre Arbeit, in der SMC für PECs im Mittelpunkt steht. 1999 veröffentlichten auch Sarah et al. [5] ihr populäres Buch. Aktuelle Arbeiten zur SMC finden sich in [9, 12, 18].

Lassen Sie uns ein lineares zeitinvariantes (LTI) kontinuierliches System wie folgt definieren:

$$\dot{x} = Ax + Bu, \tag{2.7}$$

$$y = Cx + Du, \tag{2.8}$$

Dabei sind die Matrizen $A \in R^{n\times n}, B \in R^{n\times m}, C \in R^{l\times n}, D \in R^{l\times m}$. $x \in R^n$ ist der Zustandsvektor, $y \in R^l$ ist der Systemausgang, und $u \in R^m$ ist der Systemeingang. Das System in Gl. (2.2) kann umgeschrieben werden als

$$\begin{bmatrix} \dot{x}_1 \\ \dot{x}_2 \end{bmatrix} = \begin{bmatrix} a_{11} & a_{12} \\ a_{21} & a_{22} \end{bmatrix} \begin{bmatrix} x_1 \\ x_2 \end{bmatrix} + \begin{bmatrix} B_1 \\ B_2 \end{bmatrix} u. \tag{2.9}$$

Die obige Gleichung kann in eine reguläre Form [5, 11, 21] durch die lineare Transformationsmatrix M umgewandelt werden, so dass

$$\dot{q} = Qq + Hu. \tag{2.10}$$

Hierbei ist $q = Mx$, $x = [x_1 x_2]^T$, $q = [q_1 q_2]^T$, $Q = \begin{bmatrix} q_{11} & q_{12} \\ q_{21} & q_{22} \end{bmatrix}$, $H = \begin{bmatrix} 0 \\ H_2 \end{bmatrix}$. Nun nehmen wir an, dass es ein Gleitmodus-Regelgesetz u gibt, das die Phasentrajektorie dazu zwingt, auf der Hyperfläche S auf einer Phasenebene zu gleiten für $\alpha > 0, \alpha \in R$, gegeben durch

$$S = \alpha q_1 + q_2 = Pq \tag{2.11}$$

mit $P = [\alpha 1], \alpha > 0, \alpha \in R$.

Nun setzen wir $S = 0$ in Gl. (2.11) und betrachten Gl. (2.10), so ergibt sich das folgende Ergebnis:

$$\dot{q}_1 = (q_{11} - q_{12}\alpha)q_1 \tag{2.12}$$

Es existiert ein α, für das Gl. (2.12) stabile Dynamiken haben kann. Wie in Kap. 1 erklärt, gibt es drei Modi in Gleitmodus-Regelung, nämlich Erreichungsmodus (RM), Gleitmodus (SM) und stationärer Modus (SSM) [15]. Im RM wird die Phasentrajektorie zur gleitenden Hyperebene S hingezogen. Während des SM *gleitet* die Phasentrajektorie auf der Gleitfläche zum Ursprung der Phasenebene. Und die Zustände werden im SSM dazu gezwungen, am Ursprung zu bleiben [17, 18]. Die Lyapunov-Funktion [14] V sei:

$$\begin{aligned} V &= \frac{1}{2} S^2 \\ \dot{V} &= S\dot{S} \end{aligned} \tag{2.13}$$

Natürlich ist die Minimierung von V möglich, wenn die folgende Bedingung erfüllt ist:

$$S\dot{S} < 0 \tag{2.14}$$

Gl. (2.14) ist als Erreichbarkeitsbedingung bekannt, die den RM garantiert. Sie kann erreicht werden, wenn es eine bestimmte Beziehung zwischen S und seiner zeitlichen Ableitung $\dot{S}$ gibt. Eine Möglichkeit, dies zu erreichen, besteht darin, eine Signumfunktion zu verwenden [15, 21]. Die folgende Beziehung

$$\dot{S} = -\eta \operatorname{sgn}(S) \tag{2.15}$$

kann die Wahl sein. Hier ist in der obigen Gleichung η ein positiver Skalar.

Mit diesem Hintergrund und der Einstellung $\dot{S} = 0$ kann man nun das Regelgesetz mit Hilfe der Gln. (2.10), (2.11) und (2.15) herleiten:

$$\begin{aligned} \dot{S} &= -\eta \operatorname{sgn}(S) = PQq + PHu, \\ u &= -(PH)^{-1}[PQq + \eta \operatorname{sgn}(S)], \end{aligned} \tag{2.16}$$

vorausgesetzt, dass die Matrix (PH) invertierbar ist. Beachten Sie, dass die SMC die Umschaltfunktion beinhaltet und zum Rattern in der geregelten Variable führen kann. Auch wenn dies als Nachteil der Regeltechnik angesehen werden kann, so ist das System unter SMC doch unempfindlich gegenüber den messbaren Störgrößen, d. h., Störungen im Eingangskanal. Im folgenden Abschnitt wird die Invarianz der SMC-Technik für messbare Störgrößen bewiesen.

2.2.1 Invarianzeigenschaft der Gleitmodusregelung für messbare Störgrößen

Es ist interessant zu beweisen, dass die Leistung eines Systems unter SMC unempfindlich gegenüber messbaren Störgrößen bleibt [4, 21]. Betrachten Sie das System von Gl. (2.2) in regulärer Form und die Gleitfläche als,

$$S = Px. \tag{2.17}$$

Nun kann der Ausdruck für die äquivalente Stellgröße u gefunden werden, indem $\dot{S} = 0$ eingestellt und Gl. (2.2) berücksichtigt wird,

$$\begin{aligned} P\dot{x} &= 0, \\ u &= -(PB)^{-1}PAx. \end{aligned} \tag{2.18}$$

Wenn es eine gewisse messbare Störgrößen im System gibt und in Anwesenheit von Störung h, kann die Systemgleichung neu geschrieben werden als,

$$\dot{x} = Ax + Bu + h. \tag{2.19}$$

Aufgrund der Anwesenheit von h und der Einstellung von $\dot{S} = 0$ wird die Stellgröße u von Gl. (2.18) nun zu,

$$u = -(PB)^{-1}P[Ax + h]. \tag{2.20}$$

Ersetzt man das u von Gl. (2.20), können die geschlossenen Schleifendynamiken des Systems nun geschrieben werden als,

$$\dot{x} = Ax - B\left[(PB)^{-1}P(Ax + h)\right] + h. \tag{2.21}$$

Durch Anordnen der Terme in Gl. (2.21) erhält man,

$$\dot{x} = (Ax - B(PB)^{-1}PAx) + (I - B(PB)^{-1}P)h \tag{2.22}$$

Es ist klar aus Gl. (2.22), dass der Term $(I - B(PB)^{-1}P)h$ null wird, wenn h eine messbare Störgröße ist; d. h., es existiert eine δ, so dass $h = B\delta$. Dies beweist die Invarianz von SMC für messbare Störgrößen.

2.2.2 *Überblick über konventionelle Regelung für Leistungselektronikwandler*

Es gibt viele Regelungsstrategien in der breiten Literatur. Unter ihnen ist die auf Pulsweitenmodulation (PWM) basierende Regelungsstrategie recht verbreitet. Die Analyse ist jedoch recht komplex. Wie in den vorherigen Abschnitten bewiesen, ist die Gleitmodusregelung (SMC) robust gegenüber messbaren Störgrößen. Darüber hinaus ist SMC eine Schaltregelung und daher von Natur aus geeignet für Schaltstromwandler. Die analoge Implementierung von PWM kann empfindlich gegenüber Rauschen sein. Digitale Implementierungen werden in vielen Fällen bevorzugt, erfordern jedoch Programmierung. Die PWM-basierte Regelung kann aufgrund von Übermodulation und Untermodulation beeinträchtigt werden. Die Implementierung von SMC ist im Vergleich zu PID/PWM-basierter Regelungsstrategie recht unkompliziert. Viele Forscher haben zwar theoretische und experimentelle Arbeiten auf dem Gebiet durchgeführt; wenige von ihnen haben die SMC-Technik für Leistungswandler bevorzugt. Da die SMC nun für viele Schaltstromwandler getestet wurde, sind die herausfordernden Fragen die Beseitigung des stationären Fehlers und die Beseitigung des Ratterns. Dafür könnte die SMC höherer Ordnung die Wahl sein. Mit diesem Hintergrund kann man sich die Bedeutung von SMC für die Leistungswandler vorstellen. Die nächsten Abschnitte diskutieren über Modellierung und Zustandsrückkopplungsregelung für DC/DC-Abwärtswandler.

2.3 Konventionelle Zustandsrückkopplungsregelung für Leistungselektronikwandler

Dieser Abschnitt konzentriert sich auf die Modellierung und Regelung des DC/DC-Abwärtswandlers. Die Zustandsrückkopplungsregelung wird verwendet. Lassen Sie uns nun die Zustandsraum-Durchschnittsmodellierung [13] für einen DC/DC-Abwärtswandler diskutieren.

Abb. 2.2 zeigt den Abwärtswandler mit Zustandsrückkopplungsregelung [14] mit den passenden Bezeichnungen, wo dynamische Gleichungen definiert sind als:

$$x_1 = i_L \tag{2.23}$$

$$x_2 = V_o. \tag{2.24}$$

Der Zustandsraummodus des Abwärtswandlers, wenn der Schalter geschlossen ist, d. h. SW ist 1 oder „EIN“, kann als [1] beschrieben werden,

$$\begin{bmatrix} \dot{x}_1 \\ \dot{x}_2 \end{bmatrix} = \begin{bmatrix} 0 & -\frac{1}{L} \\ \frac{1}{C} & -\frac{1}{RC} \end{bmatrix} \begin{bmatrix} x_1 \\ x_2 \end{bmatrix} + \begin{bmatrix} \frac{1}{L} \\ 0 \end{bmatrix} E. \tag{2.25}$$

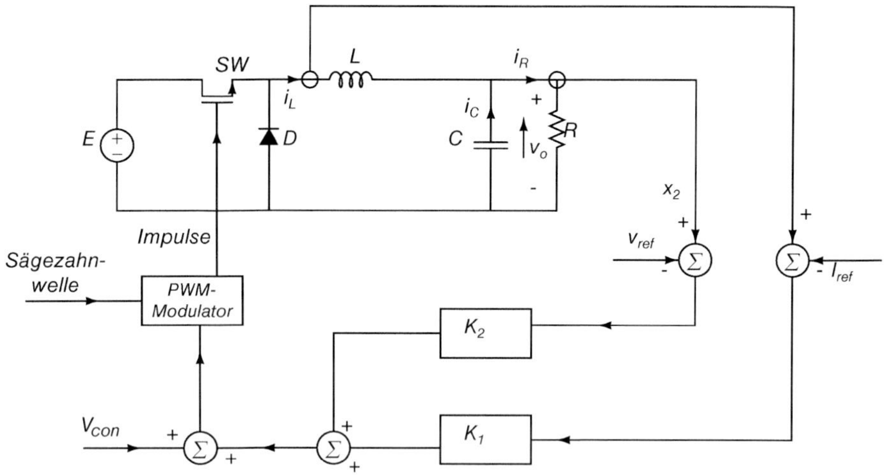

Abb. 2.2 Zustandsrückkopplungsregelungsschema für Abwärtswandler

Für den Zeitraum, in dem der Schalter geöffnet ist, d. h. SW auf 0 oder „AUS" steht, kann das Modell wie folgt beschrieben werden:

$$\begin{bmatrix} \dot{x}_1 \\ \dot{x}_2 \end{bmatrix} = \begin{bmatrix} 0 & -\frac{1}{L} \\ \frac{1}{C} & -\frac{1}{RC} \end{bmatrix} \begin{bmatrix} x_1 \\ x_2 \end{bmatrix} + \begin{bmatrix} 0 \\ 0 \end{bmatrix} E. \tag{2.26}$$

Wenn ρ das Tastverhältnis des pulsweitenmodulierten (PWM) Signals und W die Periodendauer ist, lassen sich die On- und Off-Zeiten des Schalters wie folgt darstellen: ρW bzw. $(1-\rho)W$. In einem solchen Fall kann das durchschnittliche Zustandsraummodell wie folgt dargestellt werden [1]:

$$\begin{bmatrix} \dot{x}_1 \\ \dot{x}_2 \end{bmatrix} = \begin{bmatrix} 0 & -\frac{1}{L} \\ \frac{1}{C} & -\frac{1}{RC} \end{bmatrix} \begin{bmatrix} x_1 \\ x_2 \end{bmatrix} + \begin{bmatrix} \frac{\rho}{L} \\ 0 \end{bmatrix} E. \tag{2.27}$$

Wenn $\hat{}$ eine Störung in einer Variable bezeichnet, kann das Kleinsignal- oder AC-Modell für das durchschnittliche Zustandsraummodell von Gl. (2.27) wie folgt erhalten werden:

$$\begin{bmatrix} \dot{\hat{x}}_1 \\ \dot{\hat{x}}_2 \end{bmatrix} = \begin{bmatrix} 0 & -\frac{1}{L} \\ \frac{1}{C} & -\frac{1}{RC} \end{bmatrix} \begin{bmatrix} \hat{x}_1 \\ \hat{x}_2 \end{bmatrix} + \begin{bmatrix} \frac{\chi}{L} \\ 0 \end{bmatrix} \hat{E} + \begin{bmatrix} \frac{E}{L} \\ 0 \end{bmatrix} \hat{\rho}. \tag{2.28}$$

Hierbei stellt χ das Tastverhältnis des Wandlers im offenen Regelkreis dar, d. h., den Nennwert des Tastverhältnisses und $\hat{\rho}$ ist die Störung im Tastverhältnis. Dies kann als die Beziehung $\rho = \chi + \hat{\rho}$ interpretiert werden. Es ist vernünftig anzunehmen, dass E ziemlich glatt ist und daher $\hat{E} = 0$ für die Störung in E gilt. Dann kann Gl. (2.28) wie folgt geschrieben werden:

$$\dot{\hat{x}} = \bar{A}\hat{x} + B\hat{\rho}, \tag{2.29}$$

wobei

$$B = \begin{bmatrix} \frac{E}{L} \cdot \\ 0 \end{bmatrix}. \tag{2.30}$$

Nun führen wir eine Störung in χ ein, d. h., $\hat{\rho} = \frac{\chi}{V_{con}} \hat{V}_{con}$. Wenn wir Zustandsrückkopplung verwenden, wie in Abb. 2.2 gezeigt, gilt:

$$\hat{V}_{con} = -K\hat{x}. \tag{2.31}$$

Und damit:

$$\dot{\hat{x}} = \bar{A} + B\left(-\frac{\chi}{V_{con}} K\hat{x}\right) \tag{2.32}$$

$$\dot{\hat{x}} = \left(\bar{A} - B\frac{\chi}{V_{con}} K\right)\hat{x} \tag{2.33}$$

Das Kleinsignal- oder AC-Modell des Abwärtswandlers oder eines beliebigen Wandlers beschreibt die Dynamik um den Betriebspunkt. Die Zustandsrückkopplung bietet in diesem Fall eine verbesserte Stabilität für die Betriebsbedingungen. Die Rückkopplung kann eine erheblich bessere Reaktion des Systems (in diesem Fall die Ausgangsspannung) auf kleine Variationen der Systemparameter im Vergleich zum System ohne Rückkopplung liefern. Die Zustandsrückkopplungsverstärkung $K = [K_1 K_2]$ kann durch die Polvorgabe [14] ermittelt werden. Allerdings sind die gewünschten geschlossenen Regelkreispole erforderlich, die eingestellt werden müssen. Die Simulationsparameter sind gemäß Tab. 2.1 eingestellt. Die Simulationsergebnisse sind in den Abb. 2.3 und 2.4 darge stellt.

Während der Simulation wird die Laststörung im Lastwiderstand bei 0,5 s eingeführt. Die Last variiert von 4 bis 2,8 Ω. Die Ausgangsspannung und der Strom durch die Induktivität sind in Abb. 2.3 dargestellt. Die eingestellte Spannung beträgt 6,8 V im Fall des geschlossenen Regelkreises. Die Reaktionen im offenen Regelkreis sind ziemlich verrauscht und weniger glatt als die mit Rückkopplung. Es wird auch beobachtet, dass die Spannung und der Strom den Referenzen ziemlich zufriedenstellend folgen. Die Laststörung bei 0,5 s ist offensichtlich in den Reaktionen sichtbar. Abb. 2.4 ist die vergrößerte Ansicht von Abb. 2.3 und macht die Reaktionen während der Laststörung klarer erkennbar.

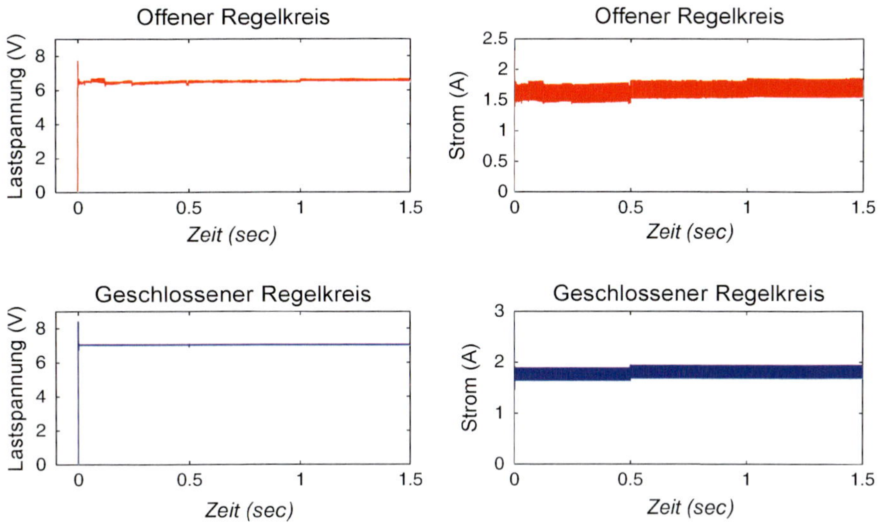

Abb. 2.3 Lastspannung und Strom durch die Induktion im offenen und geschlossenen Regelkreis

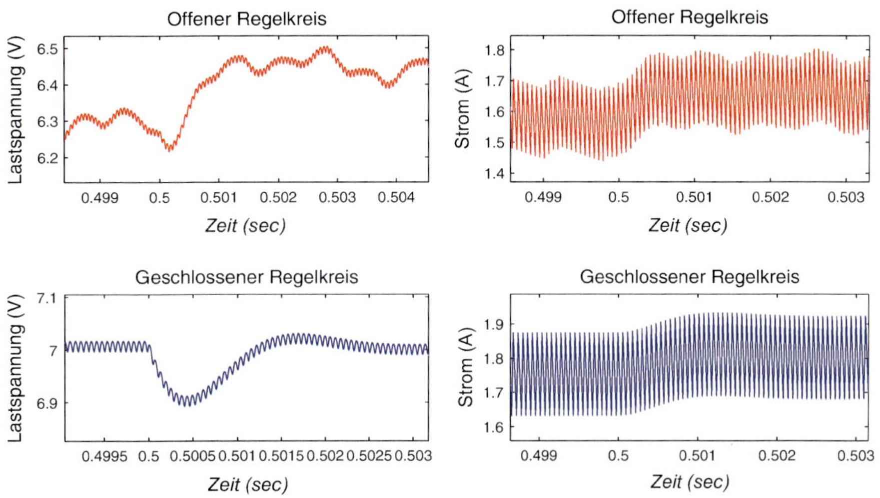

Abb. 2.4 Lastspannung und Strom durch die Induktivität im offenen und geschlossenen Regelkreis (vergrößerte Ansicht von Abb. 2.3)

2.4 Zusammenfassung

In diesem Kapitel werden die Grundlagen der SMC diskutiert. Es wird auch gezeigt, dass die Technik Robustheit gegenüber den messbaren bzw. Eingangs-

Tab. 2.1 Parameter für Zustandsrückkopplungsregelung für DC/DC-Abwärtswandler

Symbol	Beschreibung	Wert
L	Induktivität	1,33 mH
C	Kapazität	94μF
E	Gleichstromversorgungsspannung	24 V
R	Lastwiderstand	4 oder 2,8 Ω
	Anfangsspannung des Kondensators	0 V
χ	Nominale Tastverhältnis	0,3
W	Zeitzyklus (PWM)	0,000005
V_{ref}	Referenz für x_2	6,8 V
I_{ref}	Referenz für x_1	$\frac{V_{ref}}{R}$ A
Laststörung	bei 0,5 s	4 bis 2,8 Ω
K_1	Rückkopplungsverstärkung	−0,36558
K_2	Rückkopplungsverstärkung	−0,2020
V_{con}	Steuerspannung für PWM	3 V

störungen bietet. Darüber hinaus wird die Modellierung eines DC/DC-Abwärtswandlers mit der Modellmittelungstechnik vorgestellt. Die AC-Analyse und das Kleinsignalmodell (AC-Modell) des Wandlers wird präsentiert. Auch die Richtlinien für die Auslegung des Reglers zur Erzielung der gewünschten Reaktionen mit PWM werden mit geeigneten Beispielen und mit Simulationsergebnissen skizziert. Das nächste Kapitel stellt die vorgeschlagene modifizierte SMC-Technik für DC/DC-Abwärtswandler vor, die gegenüber der herkömmlichen SMC bevorzugt sein kann, da sie gute stationäre Reaktionen der Lastspannung und eine bessere Leistung bei Laststörungen bietet.

Literatur

1. Ang, S., Oliva, A.: Power Switching Converters. CRC Press, Taylor & Francis Group, Boca Raton (2005)
2. Barbot, J.P., Perruquetti, W.: Sliding Mode Control in Engineering. Marcel Dekker Inc., New York (2002)
3. Dolgolenko, Yu.V.: Sliding modes in relay indirect control systems. In: Proceeding of 2nd All-Union Conference on Control (1955)
4. Drazenovic, B.: The invariance conditions in variable structure systems. Automatica, Pergamon Press 5(3) (1969)
5. Edwards, C., Spurgeon, S.: Sliding Mode Control Theory and Applications. Taylor & Francis, London (1998)
6. Emelyanov, S.V.: Method of designing complex control algorithms using an error and its first time-derivative only. Autom. Remote Control 18(10) (1957)
7. Emelyanov, S.V.: Theory of Variable Structure Systems. Nauka, Moscow (1970)
8. Filippov, A.: Differential Equations with Discontinuous Right Hand Sides. Kluwer Ac. Pub., Boston (1983)

9. Fridman, L., Moreno, J., Iriarte, R.: Sliding Mode After the First Decade of the 21st Century. Springer, Berlin (2011)
10. Hamel, B.: Contribution a l'étude mathématique des systèmes de réglage par tout-ou-rien (1949). (in French)
11. Lukyanov, A., Utkin, V.: Methods of reducing equations for dynamic systems to a regular form. Autom. Remote Control 42(4) (1981)
12. Mehta, A., Bandyopadhyay, B.: Frequency-Shaped and Observer-Based Discrete-Time Sliding Mode Control. Springer, Berlin (2015)
13. Middlebrook, R., Cuk, S.: A general unified approach to modelling switching converter power stages. In: IEEE Power Electronics Specialists Conference, pp. 73–86 (1976)
14. Ogata, K.: Modern Control Engineering. Prentice Hall, New Jersey (1997)
15. Perry, A.G., Fen, G., Liu, Y.F., Sen, P.: A new sliding mode like control method for buck converter. In: 35th Annual IEEE Power Electronics Specialists Conference, pp. 3688–3693. Aachen, Germany (2004)
16. Popovski, A.M.: Linearization of sliding operation mode for a constant speed controller. Autom. Remote Control 2(3) (1950)
17. Sabanovic, A., Fridman, L., Spurgeon, S.: Variable Structure Systems from Principles to Implementation. IET, London (2004)
18. Shtessel, Y., Edwards, C., Fridman, L., Levant, A.: Sliding Mode Control and Observation. Springer Science+Business Media, New York (2014)
19. Tzypkin, Y.: Theory of Relay Control Systems. Gostekhiz-dat, Moscow (1955)
20. Utkin, V.I.: Sliding Modes and Their Applications in Variable Structure Systems. Mir, Moscow (1978)
21. Utkin, V., Guldner, J., Shi, J.: Sliding Mode Control in Electromechanical Systems. Taylor & Francis, London (1999)

Kapitel 3
Gleitmodusregler mit PI-Typ-Gleitfunktion für DC/DC-Abwärtswandler

3.1 Einführung

Der Abwärtswandler ist aufgrund seiner hohen Effizienz und Einfachheit, die aus seiner linearen und minimalphasigen Natur resultiert, in der Industrie am beliebtesten. Auch bekannt als Step-down-Wandler, findet ein Abwärtswandler seine Anwendungen für die Mehrheit der Elektronikgeräte, einschließlich Stromversorgungen für Computer. Abwärtswandler und andere Leistungselektronikwandler (PECs), die im Closed-Loop-Regelmodus arbeiten, sind die Anforderung vieler industrieller und häuslicher Anwendungen wie die Stromversorgung von elektronischen Geräten, AC- oder DC-Antriebe, Telekommunikation und erneuerbare Energiesysteme. Die meisten elektronischen Geräte verlangen eine stabile und kontrollierte Stromversorgung für eine bessere dynamische und stationäre Leistung. Obwohl auf Pulsweitenmodulation (PWM) basierte Regler bereits seit Langem im Einsatz sind, betritt die Gleitmodusregelung (SMC) mit einer neuen Dimension das Feld der Regelsysteme für PEC. Die Modellierung und Regeltechniken für PEC sind in einer Vielzahl von Literaturquellen verfügbar [1, 7].

In diesem Kapitel wird das Design eines Gleitmodusreglers mit proportional-integraler Gleitfunktion für den DC/DC-Abwärtswandler vorgestellt. Der Wandler mit herkömmlichem Gleitmodusregler führt zu einem stationären Fehler in der Lastspannung. Die vorgeschlagene modifizierte Gleitfunktion verbessert die stationäre und dynamische Leistung des Wandlers und erleichtert bessere Auswahlmöglichkeiten für die Abstimmung der Reglerparameter. Die Bedingungen für das Vorhandensein von Gleitmodi für das Regelschema werden abgeleitet. Die Stabilität des geschlossenen Regelkreises mit der vorgeschlagenen Gleitmodusregelung wird nachgewiesen, und die Verbesserung der stationären Leistung wird exemplarisch dargestellt. Die Idee der adaptiven Abstimmung für den vorgeschlagenen Regler zur Kompensation von Lastschwankungen wird skizziert. Die vergleichende Studie der herkömmlichen und vorgeschlagenen Regelstrategie

A. Mehta und B. Naik, *Gleitmodenregler für leistungselektronische Umrichter*,
https://doi.org/10.1007/978-981-97-2492-5_3

wird vorgestellt. Die Wirksamkeit der vorgeschlagenen Strategie wird durch die Simulations- und Experimentierergebnisse belegt. Obwohl die PID-Typ-Gleitfläche in der Literatur diskutiert wird [3], wird der Nachweis des Null-Fehlers im stationären Zustand und die Analyse der Schaltfrequenz nicht präsentiert. Es wurden nur Simulationsergebnisse vorgestellt. Darüber hinaus wird in den späteren Abschnitten dieses Kapitels der integrale SMC mit endlicher Erreichungszeit (ISMCFTR) vorgeschlagen. Mit dem ISMCFTR nähert sich die Lastspannung des Abwärtswandlers dem Referenzwert in endlicher Zeit. Die Existenzbedingungen von SM werden ermittelt.

3.2 Mathematische Modellierung

Ein Modell eines DC/DC-Abwärtswandlers, dessen Spannung mit einer Gleitmodusregelung (SMVC) geregelt wird, wird mit Hilfe des Zustandsraum-Ansatzes abgeleitet [6]. Ein mathematisches Modell des DC/DC-Abwärtswandlers im offenen Regelkreis kann mit Hilfe der Grundgesetze der Schaltungsanalyse abgeleitet werden. Der Wandler wird mit einem rein ohmschen Widerstand belastet und seine Ausgangsspannung soll mit SMC geregelt werden, wie in Abb. 3.1 gezeigt. Es wird angenommen, dass der Wandler im kontinuierlichen Stromleitungsmodus betrieben wird [4]. Es sei $\beta = \frac{R_2}{R_1+R_2}$ das Spannungsteilungsverhältnis. Die Werte von R_1 und R_2 sind sehr hoch im Vergleich zum Lastwiderstand, um den Belastungseffekt zu vermeiden. Wenn V_{ref} eine Referenzspannung ist, $V_\mu = \beta V_{ref}$ ist die heruntergesetzte Version der Referenzspannung. L ist eine Induktivität, C ist ein Kondensator, D ist die Freilaufdiode, V_o ist die Ausgangs- oder Lastspannung, V_i ist die Eingangsspannung, und r_L ist der Lastwiderstand. Der SW ist ein n-Kanal-MOSFET-Schalter, der *EIN* oder *AUS* geschaltet wird, entsprechend des Ausgangs des SMC-Reglers, der in Form von Pulsen vorliegt. Mit $u = 1$ für SW geschlossen und

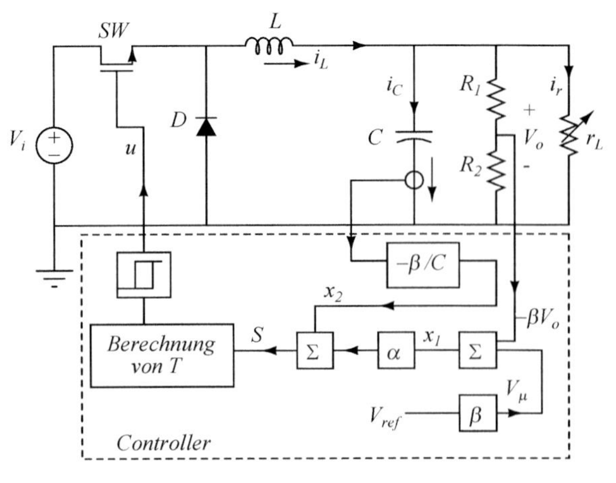

Abb. 3.1 DC/DC-Abwärtswandler mit SMC

$u = 0$ für SW offen kann das Zustandsraummodell des elektrischen Systems abgeleitet werden, indem die Zustände wie folgt definiert werden:

$$x_1 = V_\mu - \beta V_o, \tag{3.1}$$

$$x_2 = \dot{x}_1. \tag{3.2}$$

Aus Gl. (3.2) folgt

$$x_2 = -\beta \frac{dV_o}{dt} = -\frac{\beta}{C} i_C,$$

wobei i_C der Kondensatorstrom ist, der wie in Abb. 3.1 gemessen werden kann. Es seien i_L der Strom durch die Induktivität und i_r der Laststrom. Die Gleichung für x_2 kann umgeschrieben werden zu

$$x_2 = -\frac{\beta}{C}[i_L - i_r]. \tag{3.3}$$

Der Spannungsabfall über die Induktivität v_L sei gegeben durch

$$v_L = (uV_i - V_0) = L\frac{di_L}{dt}.$$

$$\Longrightarrow \quad i_L = \int \frac{uV_i - V_o}{L} dt.$$

So kann Gl. (3.3) umgeschrieben werden zu

$$x_2 = \dot{x}_1 = \frac{\beta}{C}\left(\frac{V_o}{r_L} - \int \frac{uV_i - V_o}{L} dt\right). \tag{3.4}$$

Daher ist

$$\dot{x_2} = -\frac{1}{LC}x_1 - \frac{1}{r_L C}x_2 - \frac{\beta V_i}{LC}u + \frac{V_\mu}{LC}. \tag{3.5}$$

Aus den Gln. (3.2) und (3.5) wird das Zustandsraummodell des Abwärtswandler-Systems erhalten mit

$$\begin{bmatrix} \dot{x}_1 \\ \dot{x}_2 \end{bmatrix} = \begin{bmatrix} 0 & 1 \\ -\frac{1}{LC} & -\frac{1}{r_L C} \end{bmatrix} \begin{bmatrix} x_1 \\ x_2 \end{bmatrix} + \begin{bmatrix} 0 \\ -\frac{\beta V_i}{LC} \end{bmatrix} u + \begin{bmatrix} 0 \\ \frac{V_\mu}{LC} \end{bmatrix}. \tag{3.6}$$

3.2.1 Gleitmodusregelung für DC/DC-Abwärtswandler

Es sei die gleitende Funktion S, die eine lineare Beziehung zwischen den Zuständen herstellt, definiert als

$$S = \alpha x_1 + x_2 = Px, \tag{3.7}$$

wobei $P = [\alpha, 1]$, und der Zustandsvektor $x = [x_1, x_2]^T$ ist. α ist ein Skalar, $\alpha > 0$. Er regelt die Dynamik erster Ordnung von Gl. (3.7). Durch Reduzierung des Wertes von α kann man die Dynamik des Erreichens verlangsamen. Es ist bekannt, dass die Gleitmodusregelung auftritt, wenn die Erreichungsbedingung

$$S\dot{S} < 0, \tag{3.8}$$

erfüllt ist [2, 7]. Das Gleitmodusregelgesetz kann gemäß der folgenden Regel definiert werden:

$$u = \begin{cases} 1 = ON, & S > 0 \\ 0 = OFF, & S < 0 \end{cases} \tag{3.9}$$

Das Regelgesetz in Gl. (3.9) löst das Umschalten über die gleitende Mannigfaltigkeit S aus. Das Umschaltgerät hat Betriebsfrequenzbeschränkungen und daher wird für die praktische Umsetzung das folgende Regelgesetz bevorzugt:

$$u = \begin{cases} 1 = ON, & S > \varepsilon \\ 0 = OFF, & S < -\varepsilon \end{cases} \tag{3.10}$$

Dabei ist ε eine kleine positive Zahl. Das Regelgesetz in Gl. (3.10) kann die Schwere des Ratterns durch Begrenzung der Ratterfrequenz reduzieren und ist daher für die Umsetzung machbar. Die Existenz von Gleitmodi erfordert, dass die folgenden zwei Bedingungen erfüllt sind [1]. Aus den Gln. (3.6), (3.7), (3.8) und (3.9) ergibt sich:

$$B_1 = \left(\alpha - \frac{1}{r_L C}\right)x_2 - \frac{1}{LC}x_1 + \frac{V_\mu - \beta V_i}{LC} < 0, \tag{3.11}$$

$$B_2 = \left(\alpha - \frac{1}{r_L C}\right)x_2 - \frac{1}{LC}x_1 + \frac{V_\mu}{LC} > 0. \tag{3.12}$$

Dabei ist $\begin{cases} G_1 = P\dot{x} \text{ for } 0 < S < \varepsilon \\ G_2 = P\dot{x} \text{ for } -\varepsilon < S < 0 \end{cases}$

Der Bereich der Existenz (ROE) von Gleitmodi auf der Phasenebene ist der Bereich, in dem die Bedingung $S\dot{S} < 0$ erfüllt ist. Aus den Gln. (3.11) und (3.12) wird der ROE durch die drei Linien $G_1 = 0$, $G_2 = 0$ und $S = 0$ auf der Phasenebene bestimmt. Es ist zu sehen, dass es zwei Möglichkeiten gibt, $\alpha > \frac{1}{r_L C}$ und $\alpha < \frac{1}{r_L C}$. Es kann beobachtet werden, dass sich die Steigungen der Linien $G_1 = 0$ und $G_2 = 0$ mit der Variation von r_L ändern. Dies legt eine Einschränkung auf das dynamische Verhalten des Systems fest, da α die Geschwindigkeit der Reaktion bestimmt. Die Wahl von α ist wichtig aufgrund der gegebenen Dynamik erster Ordnung, die durch die Gleichung

$$x_1(t) = x_1(t_0)\exp^{-\alpha(t-t_0)}, \tag{3.13}$$

gegeben ist, wobei $x_1(t_0)$ der Anfangszustand zur Zeit t_0 ist. Die Wahl von α ist wichtig für die Reaktionsgeschwindigkeit der Zustände und ermöglicht den größtmöglichen ROE auf der Phasenebene. Um die Anforderungen zu erfüllen, wird $\alpha = \frac{1}{r_L C}$ gewählt [6]. Dies schränkt die Auswahl von α ein, da es die Dynamik erster Ordnung der Gl. (3.13) bestimmt. Wenn es möglich wäre, einen weiteren Abstimmungsparameter einzuführen, der die Lastvariation kompensieren kann, könnte das Ziel erreicht werden. Der nächste Abschnitt diskutiert die Verwendung einer modifizierten Gleitfunktion, so dass die Einschränkung bei der Auswahl von α aufgehoben wird und durch einen zusätzlichen Abstimmungsparameter eine bessere Reaktion mit Lastkompensation erreicht wird. Die im nächsten Abschnitt vorgeschlagene Gleitfunktion beseitigt nicht nur die Einschränkung bei der Wahl von α, sondern führt auch zu einer besseren Leistung.

3.3 Vorgeschlagene PI-Typ-Gleitfunktion

Es sei eine Proportional-Integral-Typ-Funktion der Gleitfunktion definiert als

$$T = S + \gamma \int_0^t S dt, \tag{3.14}$$

wobei $\gamma > 0$ ein Skalar ist. Hier wird der Integralbegriff verwendet, um eine bessere stationäre Leistung der Lastspannung unter geschlossener Regelung zu erreichen. Dieser Sachverhalt kann aus den folgenden Gleichungen visualisiert werden.

Die Laplace-Transformation von Gl. (3.7) ergibt

$$\frac{S(s)}{x_1(s)} = s + \alpha \tag{3.15}$$

Ähnlich erhält man mit Hilfe der Laplace-Transformation von Gl. (3.14) und der obigen Gleichung:

$$\frac{T(s)}{x_1(s)} = \frac{T(s)}{S(s)} \frac{S(s)}{x_1(s)} = \frac{(s+\alpha)(s+\gamma)}{s} \tag{3.16}$$

Offensichtlich hat die obige Gleichung Eigenschaften eines Proportional-Integral-Derivative(PID)-Reglers. Es ist allgemein bekannt, dass eine Erhöhung der Ordnung des Reglers zu einer besseren Leistung führen kann. In diesem Fall ist jedoch ein reibungsloser Betrieb aufgrund der Anwesenheit eines Schalters nicht möglich und daher müssen wir um $T = 0$ gemäß der folgenden Regel schalten.

$$u = \begin{cases} 1 = ON, & T > 0 \\ 0 = OFF, & T < 0 \end{cases}. \tag{3.17}$$

Gl. (3.17) kann auch wie folgt ausgedrückt werden:

$$u = \frac{1}{2}[1 + \mathrm{sgn}(T)]. \tag{3.18}$$

Das Umschalten über $T = 0$ führt zu dem folgenden wichtigen Ergebnis. Setzen von $T = 0$ in Gl. 3.14,

$$S = -\gamma \int_0^t S dt. \tag{3.19}$$

Dies entspricht

$$\dot{S} = -\gamma S, \tag{3.20}$$

was zur Minimierung von S führt.

Die Existenz von Gleitmodi ist auf der Phasenebene möglich, wenn die folgenden zwei Bedingungen erfüllt sind.

$$\lim_{T \to 0^+} \dot{T} < 0 \tag{3.21}$$

$$\lim_{T \to 0^-} \dot{T} > 0 \tag{3.22}$$

In dem folgenden Theorem wird bewiesen, dass der Erreichungsmodus (RM) durch Umschalten über $T = 0$ auftritt. Im RM trifft die Phasentrajektorie auf die Hyperfläche $S = 0$ und dann tritt der Gleitmodus (SM) auf.

Theorem 3.1 *Das Umschalten über die modifizierte Gleitfunktion T führt dazu, dass die Phasentrajektorie die Mannigfaltigkeit $T, S = 0$ in endlicher Zeit erreicht und dann T, S minimiert, d. h., der Gleitmodus tritt auf, wenn die Bedingung $T\dot{T} < 0$ erfüllt ist.*

Beweis Wenn γ die integrale Verstärkung ist und $T > 0$, dann ist $\dot{T} < 0$,

$\Rightarrow \dot{S} + \gamma S < 0$
$\Rightarrow \dot{S} < -\gamma S$
$\Rightarrow S\dot{S} < -\gamma S^2$
$\Rightarrow \frac{1}{2}\frac{d}{dt}(S^2) < -\gamma S^2$
$\Rightarrow S^2(t) < 2S^2(t_0)\exp^{[-2\gamma(t-t_0)]}$,

wobei t_0 die Anfangszeit und $\gamma > 0$ ist. Die obige Bedingung ist wichtig, da sie besagt, dass S^2 immer abnehmen muss, wenn die Gleitfunktion T einen positiven Wert annimmt. Ebenso muss S^2 zunehmen, wenn T einen negativen Wert annimmt. Sobald die Phasentrajektorie die Gleitebene in der ROE trifft, wo $T\dot{T} < 0$ erfüllt ist, tritt der Gleitmodus, SM [2], auf und es herrscht Stabilität.

Im folgenden Unterabschnitt wird die Situation untersucht, für die die Erreichbarkeitsbedingung, $T\dot{T} < 0$, erfüllt ist, und wie die ROE zu finden ist. Die ROE ist der Bereich auf der Phasenebene, für den die Erreichbarkeitsbedingung gültig ist.

3.3.1 Analyse von ROE und Stabilität

Um die ROE auf der Phasenebene zu bewerten, betrachten Sie die Ungleichung $\dot{S} + \gamma S < 0$, die vereinfacht werden kann zu
$\alpha\dot{x}_1 + \dot{x}_2 + \gamma\alpha x_1 + \gamma x_2 < 0$.

Nun folgt, aus der obigen Gleichung und Gl. (3.6) mit $u = 1$:

$$\alpha x_2 + \left(-\frac{1}{LC}\right)x_1 + \left(-\frac{1}{r_L C}\right)x_2 + \left(\frac{-\beta V_i + V_\mu}{LC}\right) + \gamma\alpha x_1 + \gamma x_2 < 0.$$

$$\Rightarrow H_1 = \left(\alpha - \frac{1}{r_L C} + \gamma\right)x_2 + \left(\alpha\gamma - \frac{1}{LC}\right)x_1 + \left(-\frac{\beta V_i}{LC}\right) + \left(\frac{V_\mu}{LC}\right) < 0 \tag{3.23}$$

Ähnlich können wir unter Berücksichtigung von $u = 0$ für $T < 0$ schreiben:

$$H_2 = \left(\alpha - \frac{1}{r_L C} + \gamma\right)x_2 + \left(\alpha\gamma - \frac{1}{LC}\right)x_1 + \left(\frac{V_\mu}{LC}\right) > 0. \tag{3.24}$$

Anhand der Gln. (3.23) und (3.24) kann gesehen werden, dass die ROE von den Linien $H_1 = 0$, $H_2 = 0$ und $S = 0$ auf der Phasenebene [5] begrenzt wird. Es kann bemerkt werden, dass die Dynamik der Systemzustände und die ROE auf der Phasenebene mit zwei unabhängigen Parametern α und γ bestimmt werden können. Durch die Auswahl von $\gamma = \frac{1}{r_L C}$ ist die ROE auf der Phasenebene unempfindlich gegenüber Lastschwankungen. Es sollte jedoch beachtet werden, dass höhere Werte von α zu anhaltenden Schwingungen oder Spitzenüberschreitungen/-unterschreitungen in der Lastspannung führen können [6]. Daher müssen die Werte von α und/oder γ niedrig genug sein, um Schwingungen oder Überschreitungen in der Lastspannung zu verhindern. Durch die Auswahl von α so hoch wie möglich können schnellere Dynamiken erreicht werden. Der Parameter γ kann adaptiv eingestellt werden, entsprechend den Änderungen im Lastwiderstand. Praktisch ist dies möglich mit der folgenden Beziehung:

$$\gamma = \frac{1}{r_L C} = \frac{i_r}{V_o C}$$

wobei i_r der Laststrom ist. Daher erfordert die Einrichtung für die adaptive Regelung die Messung des Laststroms. Beachten Sie, dass die ROE auf der Phasenebene aufgrund von Schwankungen im Lastwiderstand nicht variiert.

Der praktischere Weg, um die ROE auf der Phasenebene zu fixieren, und der unabhängig von der Lastvariation ist, besteht darin, α, γ sehr hoch im Vergleich zu $\frac{1}{r_L C}$ in den Gln. (3.23) und (3.24) auszuwählen.

3.3.2 *Die Schaltfrequenz und die Leistung im stationären Zustand*

3.3.2.1 Schaltfrequenz

Es ist offensichtlich, dass die Schaltfrequenz endlich ist und daher die Auswahl des Schaltelements sorgfältig erfolgen sollte. Dafür sollte zunächst die zulässige Schaltfrequenz bestimmt werden. Die Hysterese im Schaltelement sei durch eine kleine positive Zahl ε dargestellt. Dann kann das Umschalten über T gemäß Abb. 3.2 betrachtet werden.

Nun erhalten wir für den Zeitraum W_{ON}

$$W_{ON} = \frac{2\varepsilon}{\dot{T}^-} \tag{3.25}$$

und

$$W_{OFF} = \frac{2\varepsilon}{\dot{T}^+}. \tag{3.26}$$

Hier bezeichnen $\dot{T}^+$ und $\dot{T}^-$ die Größen $\dot{T} > 0$ bzw. $\dot{T} < 0$.

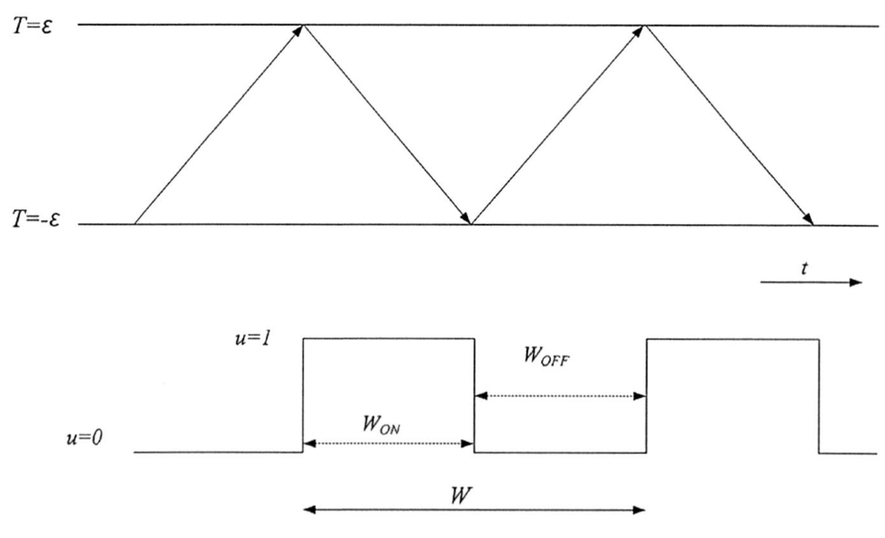

Abb. 3.2 Umschalten in der Gleitfunktion mit Hysterese

Unter Berücksichtigung, dass die Systemzustandsvariationen als Wechselstromsignal mit kleiner Amplitude während der Gleitmodi auftreten, kann man die folgende Gleichungsgruppe während W_{ON} und W_{OFF} schreiben. Unter Berücksichtigung dieser Tatsache und der Gln. (3.6), (3.17) erhalten wir aus den Gln. (3.21) bis (3.24):

$$\dot{T}^{-} = \left(-\frac{\beta V_i}{LC}\right) + \left(\frac{V_\mu}{LC}\right) \tag{3.27}$$

und

$$\dot{T}^{+} = \left(\frac{V_\mu}{LC}\right). \tag{3.28}$$

Aus den Gln. (3.25), (3.26) bis (3.27), (3.28) kann man die Ausdrücke für W_{ON} und W_{OFF} wie folgt ableiten:

$$W_{ON} = \frac{2\varepsilon LC}{(-\beta V_i + V_\mu)} \tag{3.29}$$

$$W_{OFF} = \frac{2\varepsilon LC}{V_\mu} \tag{3.30}$$

Nun wird die Umschaltfrequenz f_s gegeben durch:

$$f_s = \frac{1}{W_{ON} + W_{OFF}} \tag{3.31}$$

Aus den Gln. (3.29) bis (3.31) kann die Umschaltfrequenz gegeben werden durch:

$$f_s = \frac{(V_\mu - \beta V_i)V_\mu}{2\varepsilon LC[2V_\mu - \beta V_i]} \tag{3.32}$$

Mit der Definition $w^2 = \frac{1}{LC}$ und unter Berücksichtigung der Tatsache, dass $V_\mu = \beta V_{ref}$, kann Gl. (3.32) umgeschrieben werden zu:

$$f_s = V_{ref}\frac{(V_{ref} - V_i)\beta w^2}{2\varepsilon(2V_{ref} - V_i)} \tag{3.33}$$

Beachten Sie, dass die Umschaltfrequenz umgekehrt proportional zur Größe der Hysterese im Umschaltelement ε ist und dass sie von weiteren Systemparametern abhängt, wie in Gl. (3.33) erwähnt.

3.3.2.2 Leistung im stationären Zustand

Eine genaue Analyse des Fehlers im stationären Zustand ist kompliziert aufgrund der Anwesenheit des Umschaltelements. In diesem Abschnitt wird jedoch versucht, die Leistung des vorgeschlagenen Regelgesetzes in Bezug auf die Leistung im stationären Zustand mathematisch zu bewerten. Es ist vernünftig anzunehmen, dass V die gleichmäßige Nachbarschaft von S_r ist, die eine Menge aller Zahlen in S ist, die sehr klein sind, so dass

$$S_r = \bigcup_{p \in S} B_r(p),$$

$$B_r(p) = \{x \in S | d(x,p) < r\}.$$

Hier ist $p = 0$ das Zentrum und r der Radius einer offenen Kugel. Aus den Gln. (3.1), (3.2) und (3.7) oben kann man sofort erkennen, dass für jeden Punkt $\delta \in S_r$ gilt:

$$\delta = \alpha x_1 + \dot{x_1}. \tag{3.34}$$

Nach der Laplace-Transformation und Umstellung der Terme kann man den Ausdruck von $x_1(s)$ schreiben, der die x_1 im sogenannten s-Bereich ist, und s ist der Laplace-Operator gemäß der folgenden Gleichung:

$$x_1(s) = \frac{\delta}{s(s+\alpha)} + \frac{x_1(0)}{s+\alpha}, \tag{3.35}$$

wobei $x_1(0)$ der Anfangszustand des Zustands ist. Es ist jetzt offensichtlich, dass der Endwert des Zustands $x_1(t)$ durch das Endwert-Theorem ermittelt werden kann:

$$\lim_{t\to\infty} x_1(t) = \lim_{s\to 0} s(x_1(s)) = \frac{\delta}{\alpha} \tag{3.36}$$

Aus Gl. (3.36) wird sofort klar, dass der Zustand $x_1(t)$ nicht auf null gezwungen werden kann; stattdessen können höhere Werte von α dazu beitragen, das Ziel der Minimierung des stationären Fehlers zu erreichen. Aber es ist nicht möglich, einen stationären Fehler von null zu erreichen.

Nun, wenn man das gleiche Verfahren wie oben wiederholt und $T = \delta$ annimmt, kann man die Gl. (3.14) umschreiben zu:

$$\delta = S + \gamma \int_0^t S dt, \tag{3.37}$$

$$\delta = \alpha x_1 + \dot{x_1} + \gamma \int_0^t (\alpha x_1 + \dot{x_1}) dt. \tag{3.38}$$

Durch Umstellen der Terme erhält man den Ausdruck für $x_1(s)$:

$$x_1(s) = \frac{\delta + x_1(0)s}{s^2 + (\alpha+\gamma)s + \gamma\alpha}. \tag{3.39}$$

Daher, im Fall der Gl. (3.40),

$$\lim_{t\to\infty} x_1(t) = \lim_{s\to 0} s(x_1(s)) = 0. \tag{3.40}$$

Es ist nun klar, dass die vorgeschlagene Gleitfunktion-basierte SMC-Technik zu einem Null-Fehler im stationären Zustand führt. Aber die herkömmliche Gleitfunktion-basierte SMC-Technik konnte den Fehler im stationären Zustand nicht beseitigen. Diese Tatsache kann in der Abb. 3.3 beobachtet werden.

3.4 Simulationsergebnisse

Um die Wirksamkeit des vorgeschlagenen Algorithmus zu zeigen, wird eine MATLAB-Simulation mit den in Tab. 3.1 gezeigten Systemparametern durchgeführt.

Aus Abb. 3.3 kann beobachtet werden, dass für die Einstellungen der Abstimmungsparameter, $\alpha = 600$ und $\gamma = 3{,}3$, die Lastspannung der Referenzspannung 12,5 V (gestrichelte Linie) gut folgt. Die Laststörung tritt zur Zeit 2,5 s auf, d. h., der Lastwiderstand fällt plötzlich von 100 auf 32 Ω, und der vorgeschlagene SMC folgt der Referenz sehr genau (Abb. 3.3b). Mit dem herkömm-

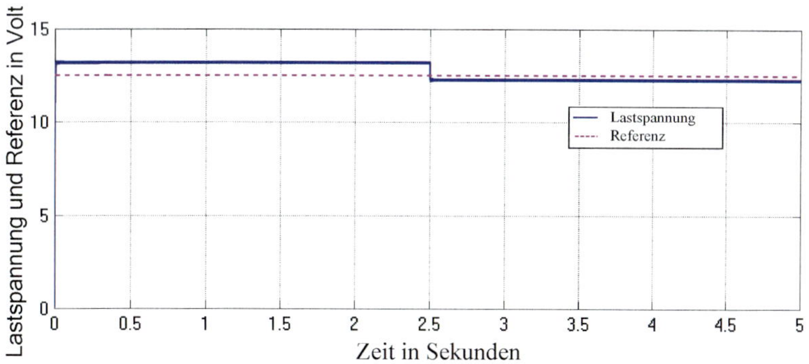

(a) Konventionelles SMC

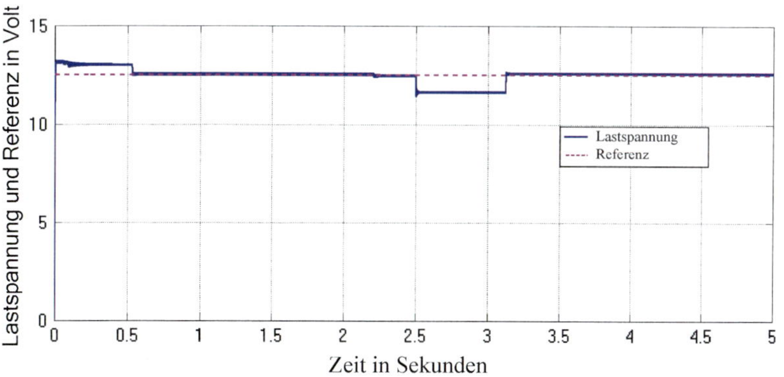

(b) Vorgeschlagener SMC

Abb. 3.3 Simulationsergebnisse für $\alpha = 600$ in **a** und $\alpha = 600$, $\gamma = 3{,}3$ in **b**. Lastsprung von 100 auf 32 Ω bei 2,5 s und Referenzspannung = 12,5 V

Tab. 3.1 Parametereinstellungen für das System in Abb. 3.1

Symbol	Beschreibung	Wert
L	Induktivität	0,6 mH
C	Kapazität	100 μF
β	Spannungsteilerverhältnis	0,128
V	Versorgungsspannung	24 V
V_{ref}	Referenzspannung	19,5 oder 12 V
r_L	Lastwiderstand	100 Ω
	Anfängliche Kondensatorspannung	0 V
ε	Hysterese im Schaltelement	0,001

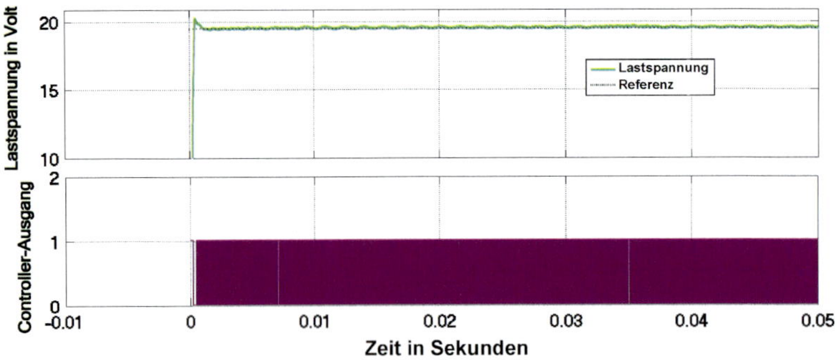

(a)

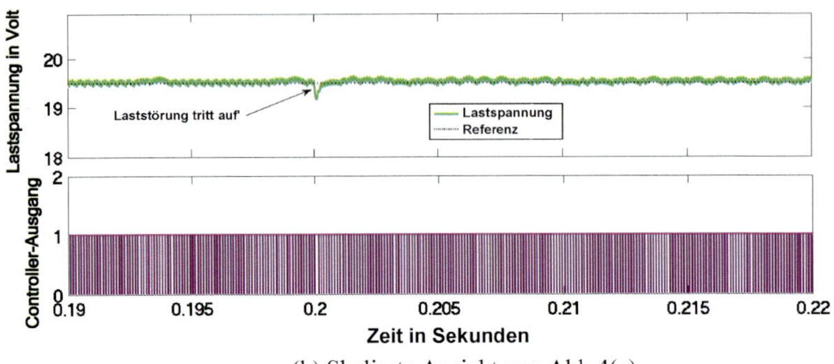

(b) Skalierte Ansicht von Abb.4(a)

Abb. 3.4 **a** Lastspannung und Reglerausgang für $\alpha = 6000$, $\gamma = 0{,}0020$. Lastsprung von 100 auf 32 Ω eingeführt bei 0,2 s und Referenzspannung = 19,5 V. **b** Vergrößerte Ansicht von **a**

lichen SMC kann die Lastspannung der Referenz nicht folgen und zeigt einen kleinen stationären Fehler, der vor und nach der Laststörung sichtbar ist (Abb. 3.3a).

Für die Referenzspannung von 19,5 V wird die Sprungantwort der Lastspannung untersucht. Der Lastwiderstand wird plötzlich von 100 auf 32 Ω gesenkt. Die Parameter für Abb. 3.4 sind $\alpha = 6000$ und $\gamma = 0{,}0020$. Abb. 3.4a zeigt

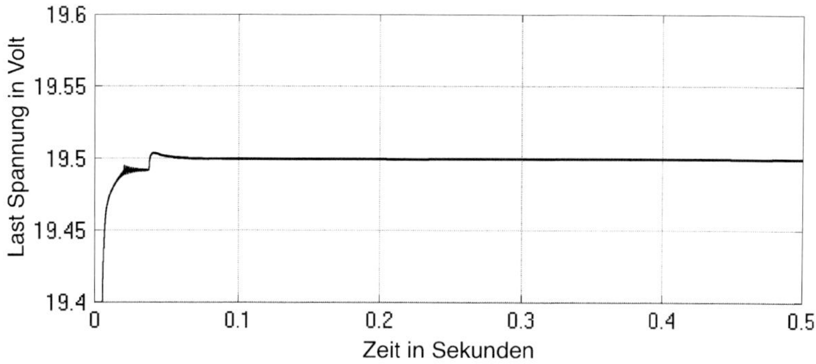

Abb. 3.5 Lastspannung für $\alpha = 1000, \gamma = 100$

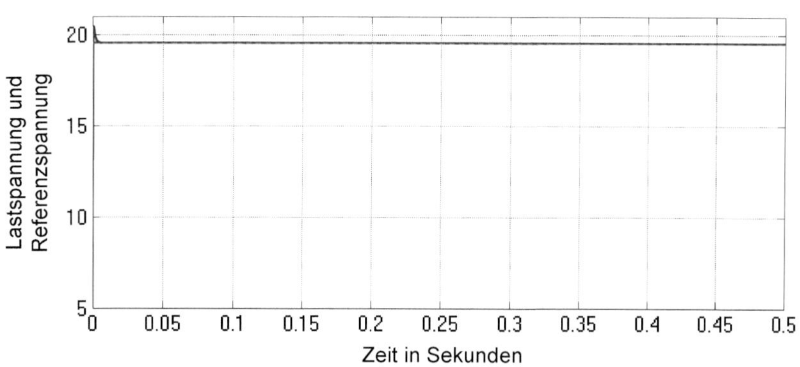

Abb. 3.6 Versorgungsspannung mit 50-Hz-Sinusstörung mit 2 V Peak to Peak

die Lastspannung, Referenz und Reglerausgang. Die bessere Ansicht wird in Abb. 3.5b präsentiert, um die Auswirkungen der Laststörung zu untersuchen.

Abb. 3.5 zeigt die Lastspannung mit den Abstimmungsparametern $\alpha = 1000$ und $\gamma = 100$ für die Referenz von 19,5 V. Bei Abb. 3.6 werden die gleichen Parametereinstellung wie in Abb. 3.5 genommen, aber eine 50-Hz-Sinusstörung in der Versorgungspannung mit 2 Volt Peak to Peak eingeführt, um ihre Auswirkungen auf die Lastspannung zu untersuchen. Um die Auswirkungen zu beobachten, wird eine skalenangepasste Version von Abb. 3.6 in Abb. 3.7 gezeigt. Die Auswirkungen der Störung der Stromleitung sind ziemlich vernachlässigbar, da die Ratter-Amplitude weniger als 4 mV beträgt.

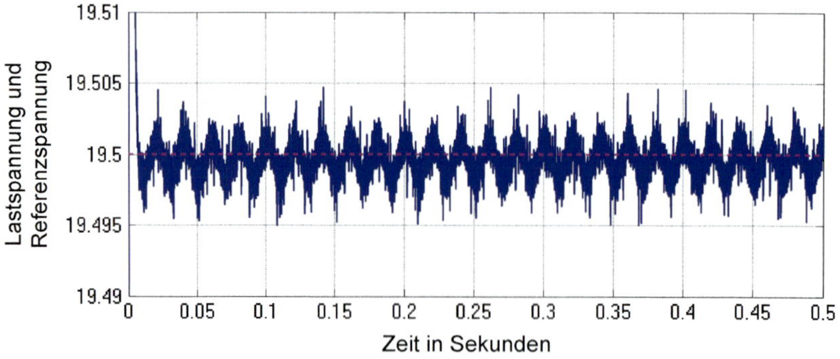

Abb. 3.7 Versorgungsspannung mit 50-Hz-Sinusstörung mit 2 V Peak to Peak, skalenvergrößerte Ansicht

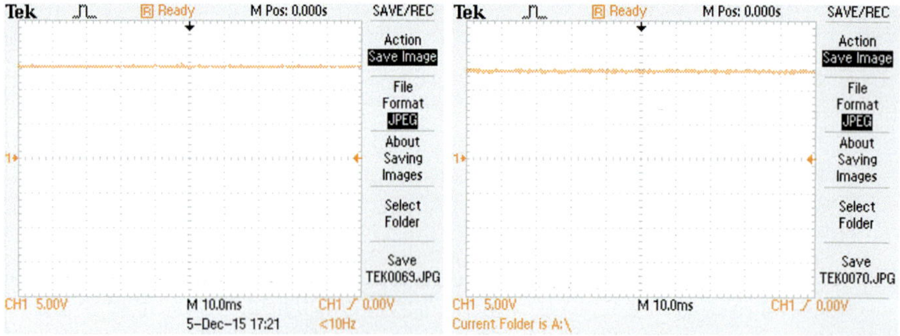

(a) Konventioneller SMC (b) Vorgeschlagener SMC

Abb. 3.8 Experimentelle Ergebnisse für $\alpha = 600$ in **a** und $\alpha = 600$, $\gamma = 3{,}3$ in **b**. Referenzspannung = 12,5 V

3.5 Experimentelle Ergebnisse

Um die vorgeschlagene Strategie zu validieren, wird die Implementierung auf einem experimentellen Aufbau durchgeführt. Der Aufbau umfasst den digitalen Signalcontroller (DSC) STM32F407VG von ST Microelectronics. Es handelt sich um einen 32-Bit-DSC mit ARM CORTEX M4-Architektur, der mit 168 MHz betrieben wird. Die Uhr des Analog-Digital-Wandlers (ADC) ist auf 84 MHz eingestellt, und die Zustände werden alle 10 ms für die Rückkopplungsregelung gemessen. Der Abwärtswandler mit den in Tab. 3.1 genannten Parametern wird für die Experimente verwendet. Der Stromsensor CTSR 0.6 P von LEM wird zur Strommessung verwendet. Abb. 3.8 zeigt die Lastspannungsantwort unter (a) konventionellem SMC und (b) vorgeschlagenem SMC. Es kann beobachtet werden, dass die Lastspannung in Abb. 3.8a 13,3 V für eine gegebene Referenzspannung

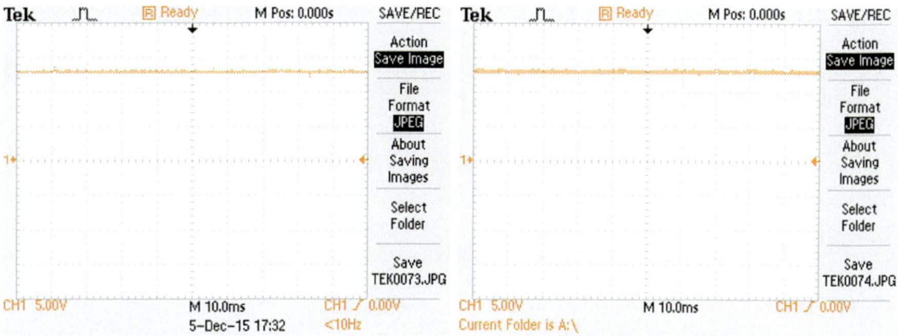

(a) Konventioneller SMC (b) Vorgeschlagener SMC

Abb. 3.9 Experimentelle Ergebnisse für $\alpha = 600$ in **a** und $\alpha = 600$, $\gamma = 3{,}3$ in **b**. Lastsprung von 100 auf 32 Ω. Referenzspannung = 12,5 V

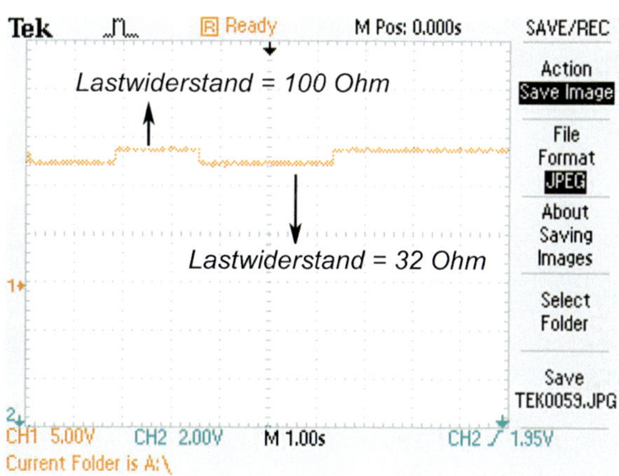

Abb. 3.10 Lastspannung mit herkömmlicher SMC, wenn die Last von 100 auf 32 Ω, $\alpha = 6000$ variiert

von 12,5 V beträgt, während mit dem vorgeschlagenen SMC die Lastspannung ziemlich nahe um 12,47 V liegt, wie in Abb. 3.8b zu sehen. Die Parameter sind eingestellt als $\alpha = 600$ und $\alpha = 600$, $\gamma = 3.3$ für konventionelles und vorgeschlagenes SMC. Beachten Sie, dass der Lastwiderstand 100 Ω beträgt.

Abb. 3.9 zeigt das experimentelle Ergebnis für die Lastspannung für die gleichen Abstimmungsparameter, die in Abb. 3.8 eingestellt sind, aber mit der Last 32 Ω. Es kann jedoch festgestellt werden, dass mit dem vorgeschlagenen SMC die Lastspannung unverändert bleibt, während sie für den konventionellen SMC unter die Referenz von 12,5 V fällt, wenn eine Laststörung vorliegt. Die vorgeschlagene Regelstrategie führt, wie bereits erwähnt, zu einer besseren stationären Leistung, indem der stationäre Fehler reduziert wird. Die Abb. 3.10, 3.11 und3.12 zeigen, dass für die genannten Werte für Abstimmungsparameter und Laststörungen die Lastspannungsantwort die Simulationsergebnisse bestätigt, außer dass die

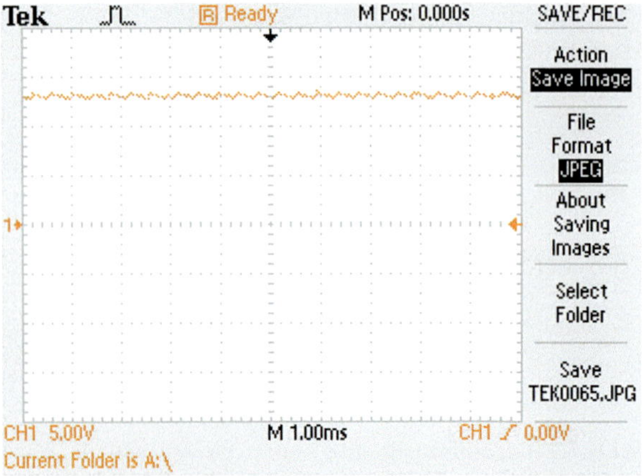

Abb. 3.11 Lastspannung mit vorgeschlagenem SMC mit fester Last von 100 Ω, $\alpha = 6000$, $\gamma = 0{,}0020$

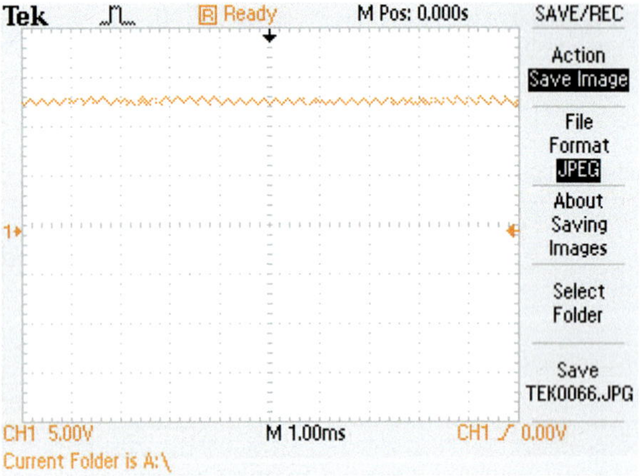

Abb. 3.12 Lastspannung mit vorgeschlagenem SMC mit Last 32 Ω, $\alpha = 6000$, $\gamma = 0{,}0020$

herkömmliche SMC dazu führt, dass die Lastspannung bei jeder Reduzierung des Lastwiderstands abfällt. Die vorgeschlagene SMC führt zu einer besseren Lastspannungsantwort, sogar in Anwesenheit von Laststörungen. Die Abb. 3.13, 3.14 und 3.15 zeigen die Lastspannungsantworten unter den genannten Bedingungen und Abstimmungsparametern.

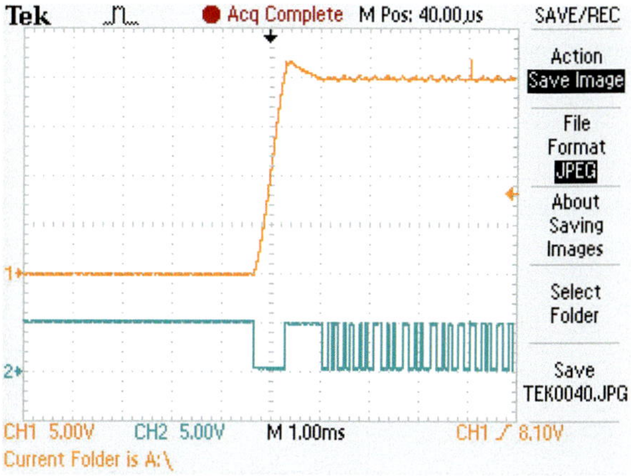

Abb. 3.13 Lastspannung, Impulse mit Last 100 Ω, $\alpha = 6000$, $\gamma = 0{,}0020$

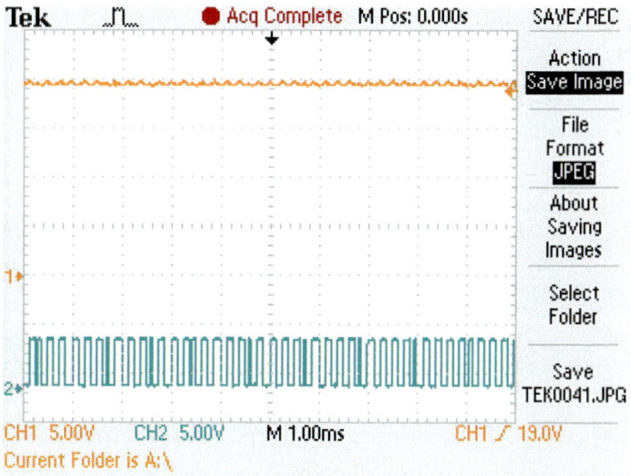

Abb. 3.14 Lastspannung, Impulse, mit fester Last 100 Ω, $\alpha = 6000$, $\gamma = 0{,}0020$

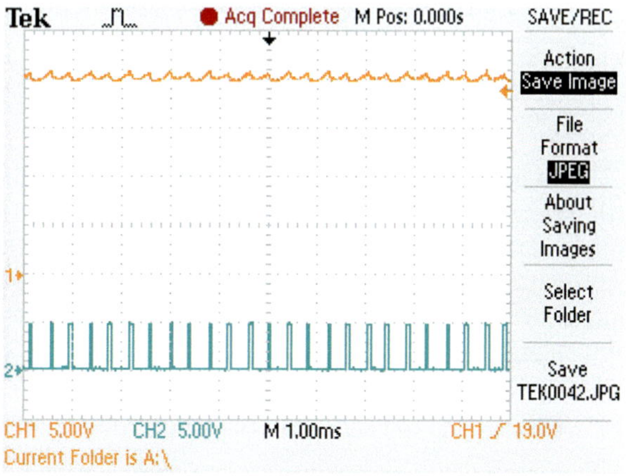

Abb. 3.15 Lastspannung, Impulse, mit Last variiert von 100 bis 32 Ω, $\alpha = 6000$, $\gamma = 0{,}0020$

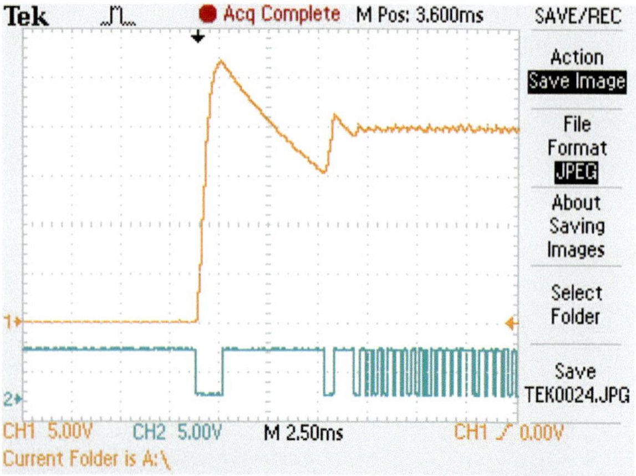

Abb. 3.16 Lastspannung, Impulse mit Last 100 Ω, $\alpha = 10000$, $\gamma = 0{,}4$

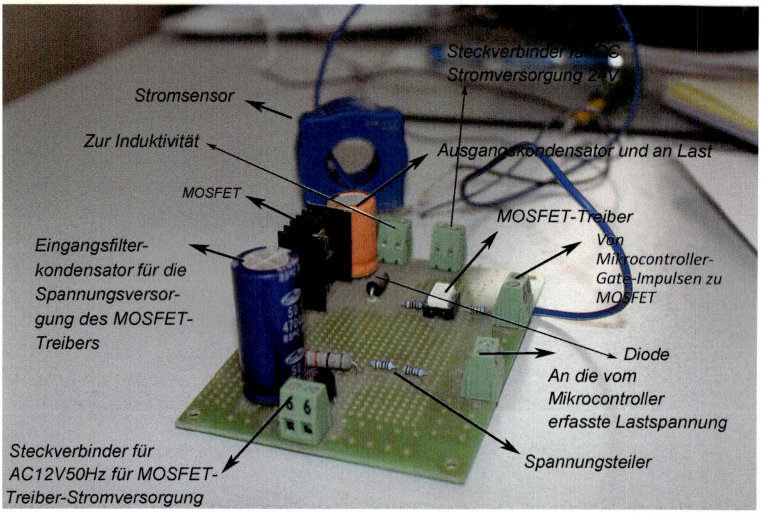

Abb. 3.17 Diagramm für die DC/DC-Abwärtswandler-Schaltung

Es kann aus Abb. 3.16 entnommen werden, dass der höhere Wert des Abstimmungsparameters α, der auf 10000 eingestellt ist, zu einem Überschwingen führt. Der für das Experiment verwendete DC/DC-Abwärtswandler ist in Abb. 3.17 dargestellt. Ein besseres Verständnis der praktischen Einrichtung kann mit Abb. 3.18 erlangt werden. Die grünen Linien sind Erdleitungen von DSC. Wir haben die Verbindungen des vom DSC-Board selbst gespeisten Strom-

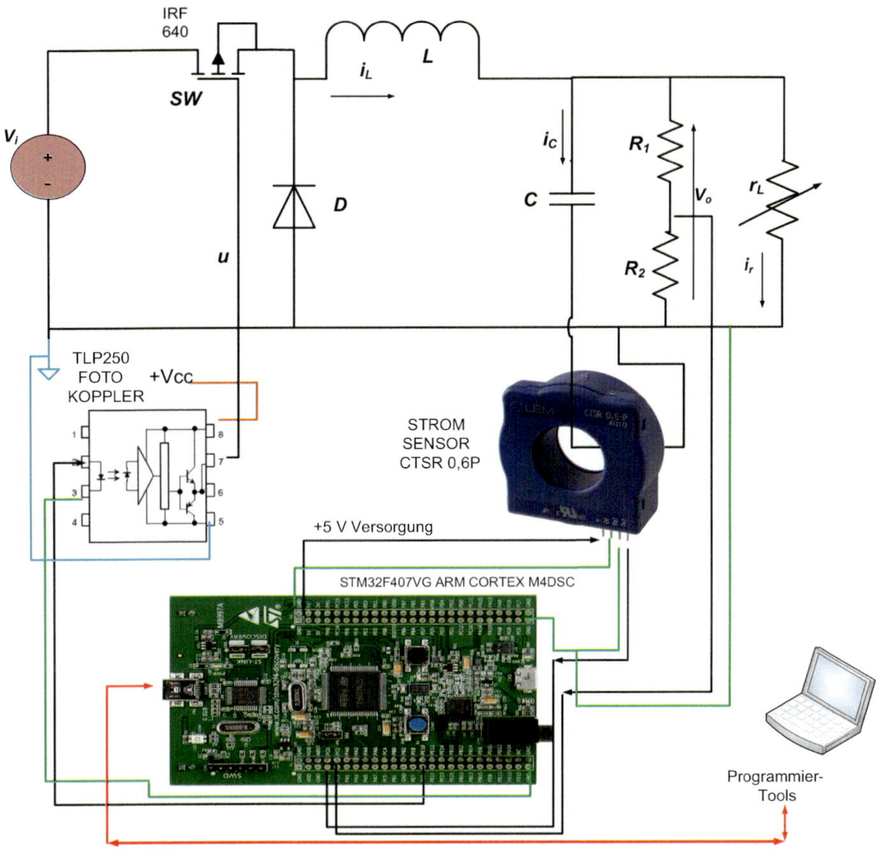

Abb. 3.18 DC/DC-Abwärtswandler-Praxisschaltung

sensors gezeigt. Die Verbindungen des Fotokopplers/MOSFET-Treibers TLP250 von TOSHIBA sind dargestellt. Der allgemeine Eingabe-Ausgabe-Port (GPIO) C Pin 1 und 2 werden zur Erfassung der Analogwerte der Zustände für die Rückkopplungsregelung verwendet. Der GPIO-Port E in 9 wird als Controllerausgang ausgewählt. Abb. 3.19 zeigt die experimentelle Einrichtung, die zur Erlangung der experimentellen Ergebnisse erleichtert wurde.

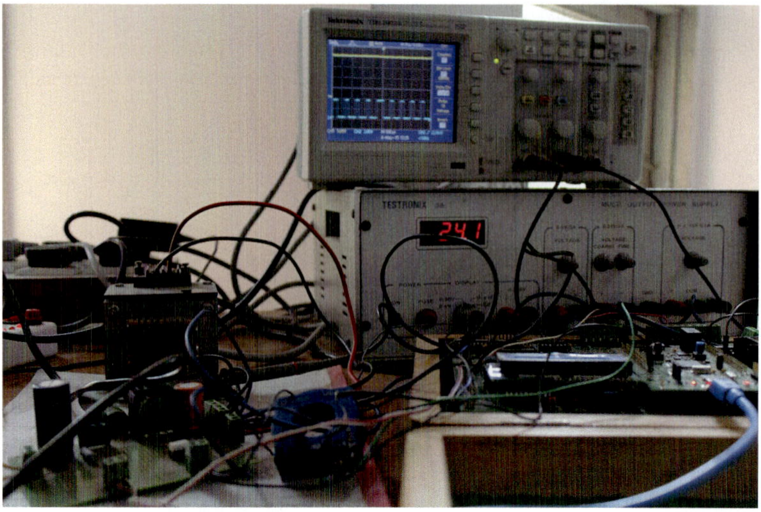

Abb. 3.19 Experimentelle Einrichtung

3.6 Nachteil der vorgeschlagenen Gleitmodusregelung und deren Abhilfe

Das Problem mit dem vorgeschlagenen modifizierten SMC-Gesetz ist die schlechte Kontrolle über die Ansprechzeit. Darüber hinaus erleichtert das vorgeschlagene SMC-Gesetz nicht, dass die Phasentrajektorie die gleitende Hyperebene in endlicher Zeit trifft. Daher wird das integrale SMC mit Erreichen in endlicher Zeit (ISMCFTR) vorgeschlagen. Dafür sei die gleitende Mannigfaltigkeit

$$T = S + \gamma \int_0^t |S|^{0,5} dt. \tag{3.41}$$

Setzen wir $T = 0$, kann Gl. (3.41) geschrieben werden als

$$S = -\gamma \int_0^t |S|^{0,5} dt. \tag{3.42}$$

Wenn wir beide Seiten der Gl. (3.42) in Bezug auf die Zeit differenzieren und die Terme für die Integration austauschen, erhalten wir

$$\frac{ds}{|S|^{0,5}} = -\gamma dt. \tag{3.43}$$

Wenn wir die oberen und unteren Grenzen für S als 0 und $S(0)$ festlegen und die oberen und unteren Grenzen für die Zeit als t_f und t_0 bezeichnen und beide Seiten der Gl. (3.43) integrieren, können wir Δt ausdrücken als

$$\Delta t = t_f - t_0 = \frac{2\sqrt{S(0)}}{\gamma}. \tag{3.44}$$

Es kann beobachtet werden, dass der Gleitmodus auftritt, wenn die Bedingung $T\dot{T} < 0$ erfüllt ist. Daher folgt, wenn $T > 0, u = 1$, aus den Gln. (3.1) bis (3.6):

$$\begin{aligned} &\dot{T} < 0 \\ &\implies \dot{S} + \gamma|S|^{0,5} < 0 \\ &\implies \dot{S} < -\gamma|S|^{0,5} \\ &\implies \alpha\dot{x_1} + \dot{x_2} < -\gamma|S|^{0,5} \\ &\implies \left(\alpha - \frac{1}{r_L C}\right)x_2 - \frac{1}{LC}x_1 < -\gamma|S|^{0,5} + \frac{\beta V_i}{LC} - \frac{V_\mu}{LC}. \end{aligned} \tag{3.45}$$

Analog dazu, wenn $T < 0, u = 0$, folgt aus den Gln. (3.1) bis (3.6):

$$\begin{aligned} &\dot{T} > 0 \\ &\implies \left(\alpha - \frac{1}{r_L C}\right)x_2 - \frac{1}{LC}x_1 < -\gamma|S|^{0,5} - \frac{V_\mu}{LC}. \end{aligned} \tag{3.46}$$

Wenn die obigen Ungleichungen erfüllt sind, existiert der SM. Beachten Sie, dass in der Nähe der Hyperebene, d. h., $S \approx 0$, der Bruchterm in den Gln. (3.45) und (3.46) vernachlässigbar sein kann.

Das Regelgesetz wird gegeben durch

$$u = \frac{1}{2}[1 + \operatorname{sgn}(T)]. \tag{3.47}$$

Um abrupte Änderungen in der ROE zu vermeiden, wird der Parameter $\alpha >> \frac{1}{r_L C}$ bevorzugt, während der Parameter γ mit Hilfe von Gl. (3.41) eingestellt werden kann. Der folgende Abschnitt präsentiert einige Simulationsergebnisse für den Abwärtswandler in Abb. 3.1.

3.7 Simulationsergebnisse für die Integral Sliding Mode Control mit Finite-Time Reaching

Beachten Sie, dass die verschiedenen Parameterwerte dieselben sind wie in Tab. 3.1 angegeben, mit Ausnahme der Werte von α und γ. Die Referenzspannung ist auf 12 V eingestellt und $\alpha = 4000$. Die Auswirkungen der Veränderung von γ können aus den folgenden Abbildungen entnommen werden.

Abb. 3.20 zeigt die Auswirkungen der Veränderung des Parameters γ auf die Lastspannung im Falle des vorgeschlagenen SMC-Gesetzes. Beachten Sie, dass

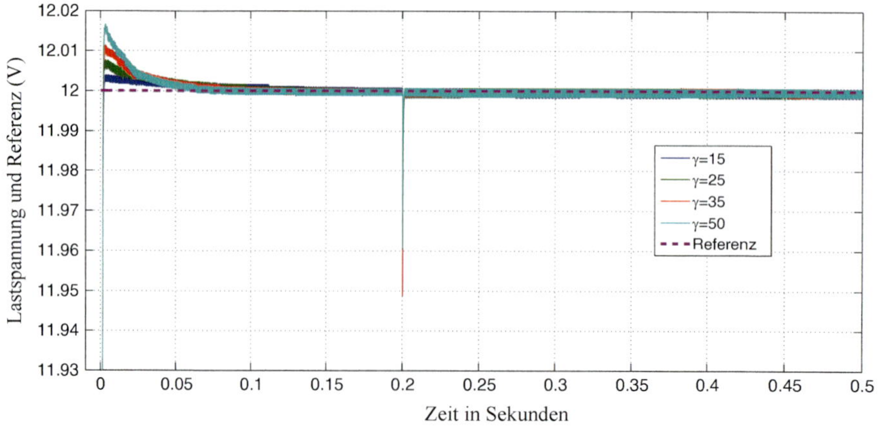

Abb. 3.20 Auswirkungen der Veränderung des Parameters γ auf die Lastspannung im Fall der vorgeschlagenen SMC. Die Laststörung tritt bei 0,2 s auf. Die Last ändert sich von 100 auf 32 Ω

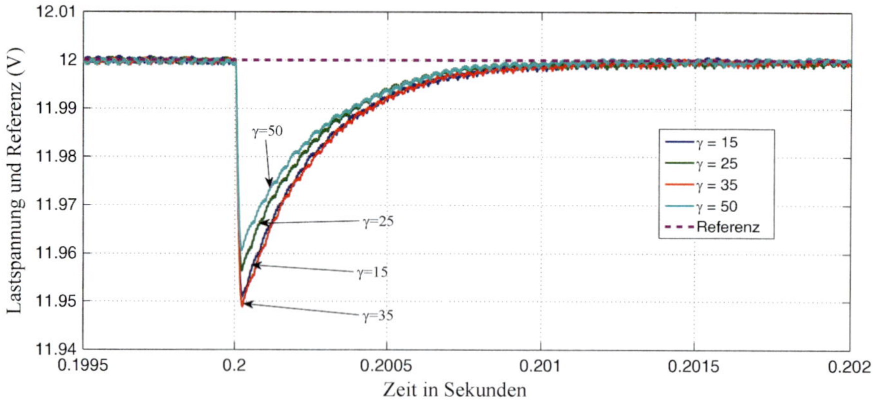

Abb. 3.21 Wiederherstellung der Lastspannung nach der Laststörung im Fall der vorgeschlagenen SMC

es eine exponentielle Konvergenz des Fehlers gibt. Es kann leicht aus Abb. 3.22 entnommen werden, dass die Lastspannung in Bezug auf die Zeit, die sie benötigt, um sich dem Referenzwert zu nähern, recht gut regelbar ist. Je höher die Werte von γ, desto schneller die Reaktion. Höhere Werte von γ verursachen eine Spitzenüberschreitung. Die Lastspannung erholt sich nach einer Laststörung unter dem vorgeschlagenen SMC und dem vorgeschlagenen ISMCFTR, wie aus den Abb. 3.21 und 3.23 zu entnehmen ist. Abb. 3.24 zeigt die Lastspannung unter dem vorgeschlagenen SMC und dem vorgeschlagenen ISMFTR für $\gamma = 50$ und $\alpha = 4000$ für eine Referenz von 12 V.

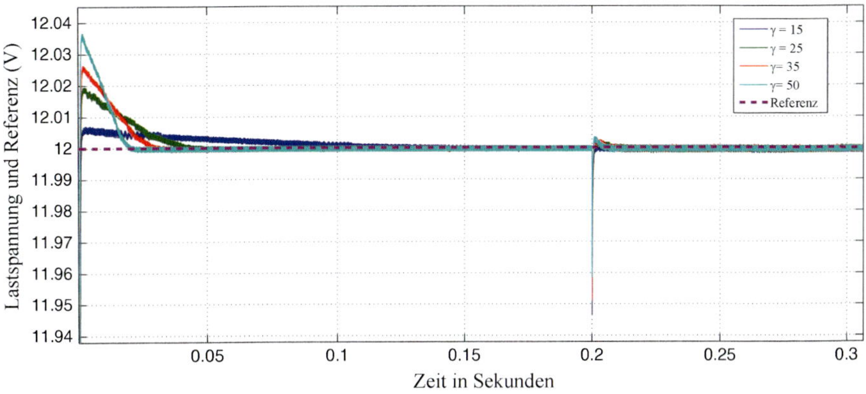

Abb. 3.22 Auswirkungen der Veränderung des Parameters γ auf die Lastspannung im Fall von ISMFTR. Die Laststörung tritt bei 0,2 s auf. Die Last ändert sich von 100 auf 32 Ω

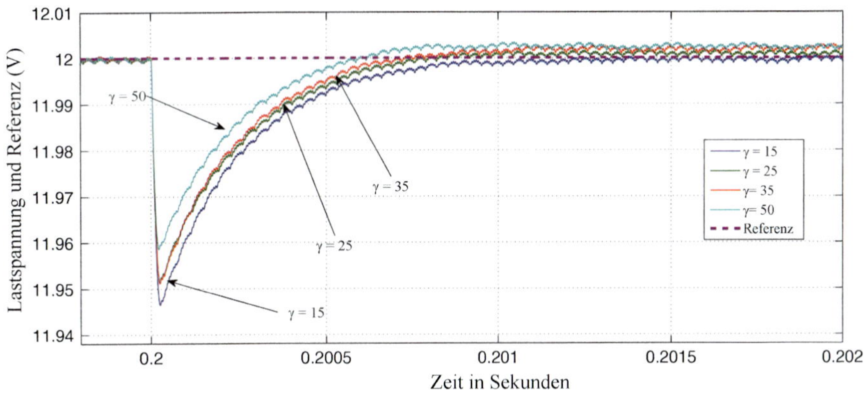

Abb. 3.23 Wiederherstellung der Lastspannung nach der Laststörung im Fall von ISMFTR

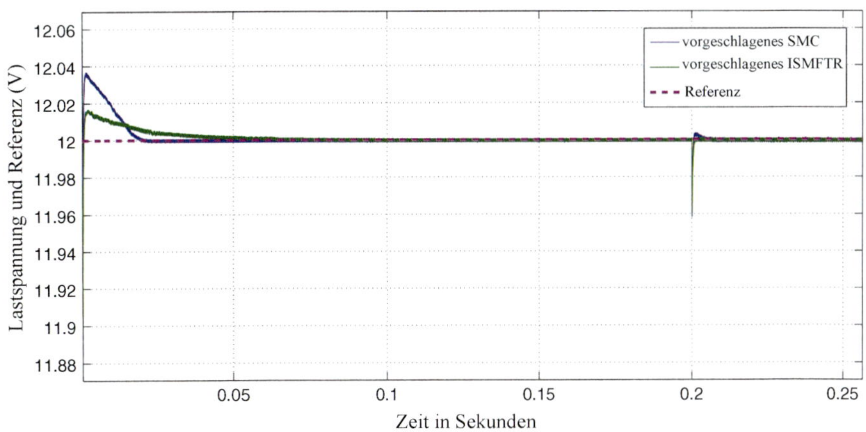

Abb. 3.24 Lastspannungsantworten im Fall des vorgeschlagenen SMC-Gesetzes und des vorgeschlagenen ISMFTR

3.8 Schlussfolgerung

Die vorgeschlagene Strategie wird durch Simulations- und Experimentierergebnisse verifiziert. Das stationäre und dynamische Verhalten des Systems mit SMC-Gesetzen wurde untersucht. Der Einfluss der Abstimmungsparameter auf die Systemleistung wird untersucht. Die vorgeschlagene Strategie kann Überschwinger und Unterschwinger in der Lastspannung verbessern. Der Bereich der Existenz wird ermittelt und die Stabilitätsanalyse wird für den vorgeschlagenen Regelungsalgorithmus durchgeführt. Die Simulations- und Experimentierergebnisse zeigen, dass die vorgeschlagene Regelungsstrategie in Fällen plötzlicher Laststörungen zufriedenstellend ist. Es wird beobachtet, dass das vorgeschlagene SMC den stationären Fehler in der Lastspannung verbessert. Um eine bessere Kontrolle über die Einschwingzeit und den Überschwinger zu erreichen und das Erreichen in endlicher Zeit zu erleichtern, wird das ISMCFTR vorgeschlagen. Die Simulationsergebnisse werden präsentiert.

Da die Abwärtswandler recht einfach und von Natur aus stabile Systeme sind, ist das Regelungsdesign normalerweise unkompliziert. Allerdings erfordern viele Anwendungen Step-up- oder Aufwärtswandler, z. B. Computerspeichersysteme, Elektrofahrzeuge und einige Solarenergiesysteme. Die Step-up- oder Aufwärtswandler haben komplexe Dynamiken, da sie eine Wurzel in der rechten Hälfte der s-Ebene haben. Solche Systeme können inverse Reaktionen oder verzögerte Reaktionen verursachen. Die vollständige Behandlung für das Design von SMC für DC/DC-Aufwärtswandler wird vorgestellt.

Literatur

1. Ang, S., Oliva, A.: Power Switching Converters. CRC Press, Taylor & Francis Group, Boca Raton (2005)
2. Edwards, C., Spurgeon, S.: Sliding Mode Control Theory and Applications. Taylor & Francis, London (1998)
3. Li, H., Ye, X.: Sliding-mode PID control of DC-DC converter. In: 5th IEEE Conference on Industrial Electronics and Applications (2010)
4. Mohan, N., Undeland, T., Robbins, W.: Power Electronics. Wiley, Hoboken (2003)
5. Naik, B., Mehta, A.: Sliding mode controller with modified sliding function for buck type converters. In: 22nd IEEE International Symposium on Industrial Electronics. Taipei (2013)
6. Tan, S.C., Lai, Y.M., Tse, C.K.: Sliding Mode Control of Switching Power Converters. CRC Press, Boca Raton (2012)
7. Utkin, V., Guldner, J., Shi, J.: Sliding Mode Control in Electromechanical Systems. Taylor & Francis, London (1999)

Kapitel 4
Gleitmodusregler mit PI-Typ-Gleitfunktion für DC/DC-Aufwärtswandler

4.1 Einführung

In letzter Zeit werden batteriebetriebene Geräte ein immer beliebterer Forschungsgegenstand. Ein Beispiel ist das batteriebetriebene Hybrid-Elektrofahrzeug, das den DC/DC-Aufwärtswandler verwendet. Wie bereits erwähnt, wird der Wandler in Computern und sogar in Solarenergiesystemen verwendet. Daher spielt die Regelung solcher Wandler eine sehr wichtige Rolle für die Gesamtleistung der Systeme. Dieses Kapitel stellt einen adaptiven Gleitmodusregler mit modifizierter Gleitfunktion für den DC/DC-Aufwärtswandler vor. Die Modifikation in der Gleitfunktion überwindet nicht nur die Einschränkungen des herkömmlichen Gleitmodus, sondern verbessert auch die Leistung des Wandlers mit einem zusätzlichen Abstimmungsparameter. Die Simulationsergebnisse zeigen die Wirksamkeit des vorgeschlagenen adaptiven Gleitmodusreglers für den DC/DC-Aufwärtswandler. Die Regelung von Leistungselektronikgeräten erfordert eine genauere Erreichung des Sollwerts und eine schnellere Reaktion auf Laststörungen. Die Gleitmodusregelung (SMC) ist von Natur aus robust gegenüber messbaren Störgrößen und ist als geschaltete Regelungsstrategie eine gute Regelungsstrategie für Leistungselektronikwandler geworden.

4.2 Modellierung des Aufwärtswandlers

Es ist allgemein bekannt, dass die Gleitmodusregelung ein Modell des Systems erfordert. Forscher [2, 7, 8] haben verschiedene Ansätze zur Modellierung von PEC diskutiert. Aufgrund der Anwesenheit von Schaltelementen in den Leistungselektroniksystemen ist die Modellierung [6] nicht einfach. Mathematische Mo-

A. Mehta und B. Naik, *Gleitmodenregler für leistungselektronische Umrichter*,
https://doi.org/10.1007/978-981-97-2492-5_4

delle der Leistungswandler bieten den Weg zu verschiedenen Regelungsmethoden, die in der breiten Literatur diskutiert werden.

Abb. 4.1 zeigt den DC/DC-Aufwärtswandler [1, 3] in geschlossener Schleife. Das Zustandsraummodell des Wandlers kann abgeleitet werden [7].

Definieren wir die Zustände x_1 und x_2 als

$$x_1 = V_\mu - \beta V_o, \tag{4.1}$$

$$x_2 = \dot{x}_1, \tag{4.2}$$

wobei $V_\mu = \beta V_d$ die Referenzspannung entsprechend der gewünschten Lastspannung V_d und $\beta = \frac{R_2}{R_1+R_2}$ das Spannungsteilerverhältnis ist. Der *SW* ist ein MOSFET-Schalter, der mit dem Ausgang des SM-Controllers, der in Form von Pulsen vorliegt, *EIN* oder *AUS* geschaltet wird. Bitte beachten Sie, dass $u = 1$ bedeutet, dass *SW* geschlossen ist und $u = 0$ bedeutet, dass *SW* offen ist. *L* ist eine Induktivität, *C* ist ein Kondensator, *D* ist die Freilaufdiode, V_o ist die Ausgangs- oder Lastspannung, V_i ist die Eingangsspannung, und r_L ist der Lastwiderstand. Wir definieren $\bar{u} = 1 - u$.

Aus Gl. (4.2) folgt:

$$x_2 = -\beta \frac{dV_o}{dt},$$

$$x_2 = -\frac{\beta}{C} i_C,$$

wobei i_C der Kondensatorstrom ist, der wie in Abb. 4.1 gezeigt gemessen werden kann.

Es seien i_L der Strom durch die Induktivität (der zum Kondensatorstrom beiträgt) und i_r der Laststrom. Die obige Gleichung kann umgeschrieben werden zu

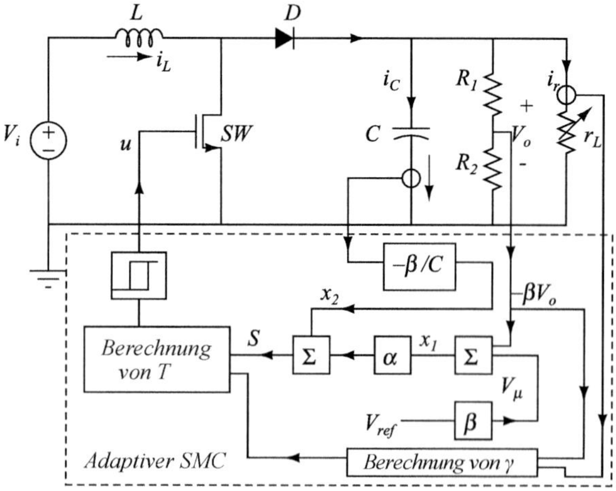

Abb. 4.1 DC/DC-Aufwärtswandler mit adaptivem SMC

$$x_2 = -\frac{\beta}{C}[i_L - i_r]. \tag{4.3}$$

Der Spannungsabfall über der Induktivität sei v_L, dann ist:

$$v_L = \bar{u}(V_i - V_o) = L\frac{di_L}{dt}.$$

$$\Longrightarrow\ i_L = \int \frac{\bar{u}(V_i - V_o)}{L}dt.$$

Die Gl. (4.3) kann geschrieben werden als

$$x_2 = -\frac{\beta}{C}\left[\int \frac{\bar{u}(V_i - V_o)}{L}dt - \frac{V_o}{r_L}\right]. \tag{4.4}$$

Wenn man die obige Gleichung nach der Zeit ableitet, erhält man $\dot{x_2}$ wie folgt:

$$\begin{aligned} \dot{x_2} &= -\frac{\beta}{C}\left[\frac{\bar{u}(V_i - V_o)}{L} - \frac{dV_o}{dt}\frac{1}{r_L}\right] \\ \dot{x_2} &= \frac{dV_o}{dt}\frac{\beta}{r_L C} + \frac{\beta\bar{u}(V_o - V_i)}{LC}. \end{aligned} \tag{4.5}$$

Da $x_2 = -\beta\frac{dV_o}{dt}$, wird $\dot{x_2}$ gegeben durch

$$\dot{x_2} = -\frac{1}{r_L C}x_2 + \frac{\beta\bar{u}(V_o - V_i)}{LC}. \tag{4.6}$$

Aus den Gln. (4.2) und (4.6) kann das Zustandsraummodell des Aufwärtswandlers ermittelt werden,

$$\begin{pmatrix} \dot{x}_1 \\ \dot{x}_2 \end{pmatrix} = \begin{pmatrix} 0 & 1 \\ 0 & -\frac{1}{r_L C} \end{pmatrix}\begin{pmatrix} x_1 \\ x_2 \end{pmatrix} + \begin{pmatrix} 0 \\ \frac{\beta(V_o - V_i)}{LC} \end{pmatrix}\bar{u}. \tag{4.7}$$

4.3 Konventionelle Gleitmodusregelung

Lassen Sie uns eine Gleitfunktion [5] S definieren, die eine lineare Beziehung zwischen den Zuständen in den Gln. (4.1) und (4.2) herstellt, so dass

$$S = \alpha x_1 + x_2, \tag{4.8}$$

wobei α ein Skalar ist, der eingestellt wird, um die gewünschte Leistung zu erreichen.

Um die Konvergenz in endlicher Zeit zu gewährleisten, muss die Erreichbarkeitsbedingung,

$$S\dot{S} < 0, \tag{4.9}$$

sichergestellt sein. Dies legt Einschränkungen über den Existenzbereich der Gleitmodi fest [7], wie in [4] diskutiert. Tatsächlich ist der Bereich der Existenz (ROE) der Bereich auf der Phasenebene, in dem, wenn dort die Phasentrajektorie liegt, die Gleitmodi existieren können. Das Gesetz der Gleitmodusregelung kann gemäß der folgenden Regel definiert werden:

$$\bar{u} = \begin{cases} 0 = OFF, & S > 0 \\ 1 = ON, & S < 0 \end{cases} \tag{4.10}$$

Das oben genannte Regelgesetz löst das Umschalten über die Gleitebene S aus. Das Umschaltgerät hat eine Frequenzbegrenzung und daher wird für die praktische Umsetzung das folgende Regelgesetz verwendet:

$$\bar{u} = \begin{cases} 0 = OFF, & S > \varepsilon \\ 1 = ON, & S < -\varepsilon \end{cases} \tag{4.11}$$

wobei ε eine kleine positive Zahl ist. Das oben genannte Regelgesetz Gl. (4.11) kann die Schwere des Ratterns durch Begrenzung der Ratter-Frequenz reduzieren und ist daher für die praktische Umsetzung machbar.

4.3.1 Einschränkungen der konventionellen Gleitmodusregelung

Das Verhalten der Zustände auf der Gleitfläche $S = 0$ wird gegeben durch

$$x_1(t) = x_1(t_0)e^{-\alpha(t-t_0)}, \tag{4.12}$$

wobei t_0 ein beliebiger Zeitpunkt ist. Es kann festgestellt werden, dass eine Erhöhung von α das System schneller macht. Es ist erforderlich, das Erreichungsgesetz zu erfüllen, d. h., $\dot{S} < 0$, wenn $S > 0$, und umgekehrt. Wie oben für $S > 0$ diskutiert, ist

$$\begin{aligned} &\dot{S} < 0 \\ &\qquad \Longrightarrow \alpha\dot{x_1} + \dot{x_2} < 0 \\ &\qquad \Longrightarrow x_2\left(\alpha - \frac{1}{r_L C}\right) < 0. \end{aligned} \tag{4.13}$$

Ähnlich für $S < 0$:

$$\begin{aligned} &\dot{S} > 0 \\ &\qquad \Longrightarrow \alpha\dot{x_1} + \dot{x_2} + \frac{\beta(V_o - V_i)}{LC} > 0 \\ &\qquad \Longrightarrow x_2\left(\alpha - \frac{1}{r_L C}\right) + \frac{\beta(V_o - V_i)}{LC} > 0 \end{aligned} \tag{4.14}$$

Es wird aus den Ungleichungen Gln. (4.13) und (4.14) festgestellt, dass der Parameter α sorgfältig gewählt werden sollte. Wenn es größere Schwankungen in der Last gibt, muss $\alpha > \frac{1}{r_L C}$ ausgewählt werden, um die Phasentrajektorie im Bereich der Existenz (ROE) auf die Phasenebene zu zwingen. Die Ungleichungen beinhalten α, das die ROE auf der Phasenebene beeinflusst. Daher ist die Wahl von α eingeschränkt, da es auch die Zustandsreaktionen beeinflusst, wie zuvor erwähnt. Darüber hinaus variiert die ROE mit den Lastschwankungen.

Wenn die Phasentrajektorie über die ROE auf der Phasenebene hinausgeht, können Gleitmodi nicht garantiert werden. Durch die Modifikation der Gleitfunktion können wir einen weiteren Abstimmungsparameter hinzufügen, der die Lastschwankungen kompensieren kann. Tatsächlich macht es die ROE unabhängig von Lastschwankungen. α kann entsprechend den Anforderungen an langsamere oder schnellere Dynamiken gewählt werden. Die Modifikation in der Gleitfunktion führt zu besseren stationären und dynamischen Leistungen.

4.4 Adaptive SMC mit modifizierter Gleitfunktion

Eine PI-Typ-Funktion der Gleitfunktion [4] sei definiert als

$$T = S + \gamma \operatorname{sgn}(S) \int_0^t |S| dt, \tag{4.15}$$

wobei T die Funktion der Gleitfunktion ist, „sgn“ die Signum-Funktion darstellt, und $\gamma > 0$ ein Skalar ist. Beachten Sie, dass T und S gleichzeitig ihre Polarität ändern und daher die ROE leicht auf der Phasenebene definiert werden können, wie im Fall der konventionellen Gleitfunktion.

Das Regelgesetz sei so definieren, dass

$$\bar{u} = \begin{cases} 0 = OFF, & T > \varepsilon \\ 1 = ON, & T < -\varepsilon \end{cases}. \tag{4.16}$$

Die Existenz von Gleitmodi ist auf der Phasenebene möglich, wenn die folgenden Erreichbarkeitsbedingungen erfüllt sind:

$$\lim_{T \to 0^+} \dot{T} < 0 \tag{4.17}$$

$$\lim_{T \to 0^-} \dot{T} > 0 \tag{4.18}$$

4.4.1 Existenz von Gleitmodi

Die Existenz von Gleitmodi ist möglich, wenn die Ungleichungen Gln. (4.17), (4.18) erfüllt sind.

Fall I:
Wenn $T > 0, \dot{T} < 0$. Also wenn

$$\begin{aligned} \dot{S} + \gamma S &< 0 \\ \implies \alpha\dot{x_1} + \dot{x_2} + \gamma\alpha x_1 + \gamma x_2 &< 0. \end{aligned} \tag{4.19}$$

Unter Verwendung von Gl. (4.7) und unter Berücksichtigung von $u = 0$ für $T > 0$ erhalten wir:

$$\gamma\alpha x_1 + \left(\alpha - \frac{1}{r_L C} + \gamma\right)x_2 < 0 \tag{4.20}$$

Fall II:
Für $T < 0$, unter Berücksichtigung von Gl. (4.7) und $u = 1$ ergibt sich:

$$\gamma\alpha x_1 + \left(\alpha - \frac{1}{r_L C} + \gamma\right)x_2 + \frac{\rho(V_o - V_i)}{LC} > 0 \tag{4.21}$$

Das äquivalente Regelgesetz u_{eq} kann wie folgt abgeleitet werden:

$$\begin{aligned} \gamma\alpha x_1 + \left(\alpha - \frac{1}{r_L C} + \gamma\right)x_2 + \left(\frac{\beta(V_o - V_i)}{LC}\right)u_{eq} = 0 \\ \implies u_{eq} = -\frac{LC}{\beta(V_o - V_i)}\left[\gamma\alpha x_1 + \left(\alpha - \frac{1}{r_L C} + \gamma\right)x_2\right] \end{aligned} \tag{4.22}$$

Es kann festgestellt werden, dass Gleitmodi zusammen mit Schaltaktionen existieren und u_{eq} im Falle eines idealen Gleitmodus null ist. Allerdings ist dies in der Praxis nicht möglich, und eine Schaltaktion ist unvermeidlich.

Die Ungleichungen Gln. (4.20), (4.21) bestimmen die Region in der Phasenebene, die von zwei parallelen Linien und der Mannigfaltigkeit $T, S = 0$ begrenzt ist. Auch die ROE wird nicht durch Lastschwankungen mit $\gamma = \frac{1}{r_L C}$ beeinflusst; daher ist die Regelung robust gegenüber Lastschwankungen. Der Abstimmungsparameter ψ kann für schnellere oder langsamere Reaktionsanforderungen abgestimmt werden. Dies war mit dem modifizierten SMC möglich. Nun kann die Last als $r_L = \frac{V_o}{i_r}$ geschätzt werden und der Parameter γ kann entsprechend der Last abgestimmt werden.

$$\gamma = \frac{i_r}{V_o C} \tag{4.23}$$

Daher wird der vorgeschlagene SMC im Gegensatz zur herkömmlichen Gleitmodusregelung an die Lastschwankungen angepasst.

Abb. 4.1 zeigt das System mit der vorgeschlagenen Regelungsstrategie, bei der die Lastspannung und der Laststrom kontinuierlich überwacht werden, um die Inline-Berechnung von γ durchzuführen.

Abb. 4.2 zeigt den ROE und die Phasentrajektorie unter dem Einfluss der vorgeschlagenen Regelungsstrategie. Der ROE wird durch Betrachtung des Falls I und des Falls II mit Gleichheit ermittelt. Der ROE auf der Phasenebene ist unabhängig von Lastschwankungen aufgrund des adaptiven Mechanismus. Die Anfangsspannung des Kondensators kann so eingestellt werden, dass die Phasentrajektorie innerhalb des ROE beginnen kann.

4.5 Simulationsergebnisse und Diskussion

Die Spezifikationen des Aufwärtswandlers mit den vorgeschlagenen Regelungsstrategien für die Simulation sind in Tab. 4.1 angegeben.

Die Simulationsergebnisse mit konventionellem SMC und vorgeschlagenem SMC werden in den Abb. 4.3, 4.4, 4.5 und 4.6 für einen Sprung der Referenzspannung von 12 V auf 20 V zur Zeit $t = 1$ s gezeigt. Die Abb. 4.3 und 4.5 zeigen, dass die Leistung des Wandlers zufriedenstellend ist und die Lastspannung unter beiden Strategien der Referenz folgt.

Die Abb. 4.4 und 4.6 zeigen die Änderungen des Laststroms entsprechend den Laständerungen.

Um die dynamische Leistung und Robustheit zu überprüfen, wird die Laststörung durch plötzliches Ändern der Last von 24 Ω auf 10 Ω bei $t = 2$ s gegeben. Die Leistung sowohl der konventionellen als auch der vorgeschlagenen

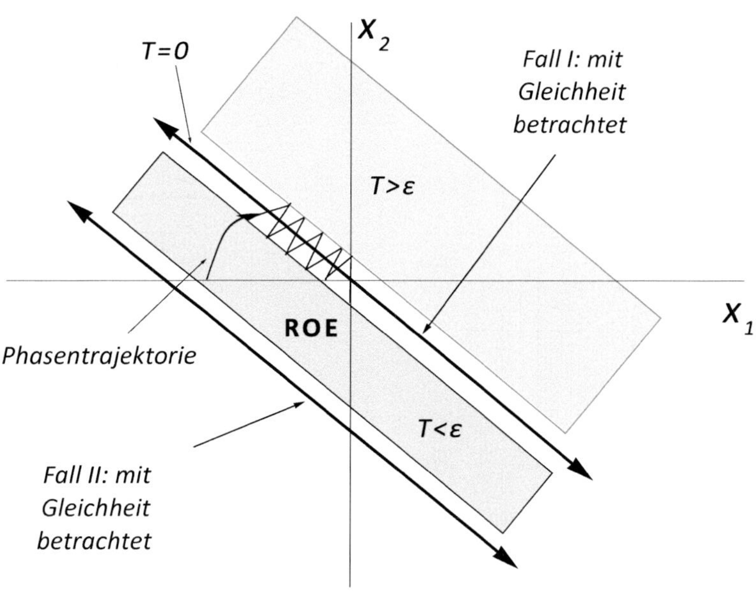

Abb. 4.2 Dynamik der Zustände und Existenzbereich (ROE) auf der Phasenebene

Tab. 4.1 Parameter für den Aufwärtswandler in Abb. 4.1

Symbol	Menge	Wert
L	Induktivität	300 μH
C	Kapazität	250 μF
α	Abstimmparameter	5000
β	Spannungsteilerverhältnis	0,0909
V_i	Versorgungsspannung	12 V
V_d	Gewünschte Spannung	12–20 V
r_L	Lastwiderstand	24–10 Ω
γ	Abstimmparameter	166,6 $(=\frac{1}{r_L C})$
	Anfängliche Kondensatorspannung	22 V
ε	Hysterese im Schaltsystem	0,1

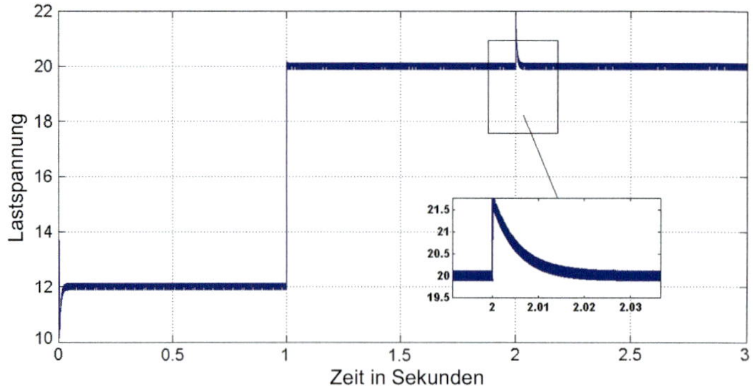

Abb. 4.3 Lastspannungsantwort mit konventionellem SMC

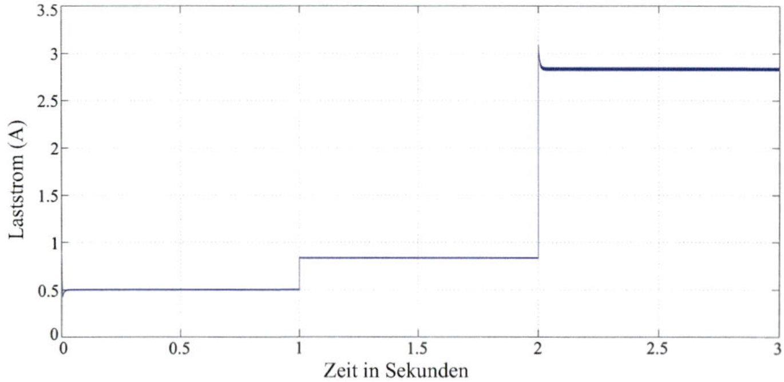

Abb. 4.4 Laststrom mit konventionellem SMC

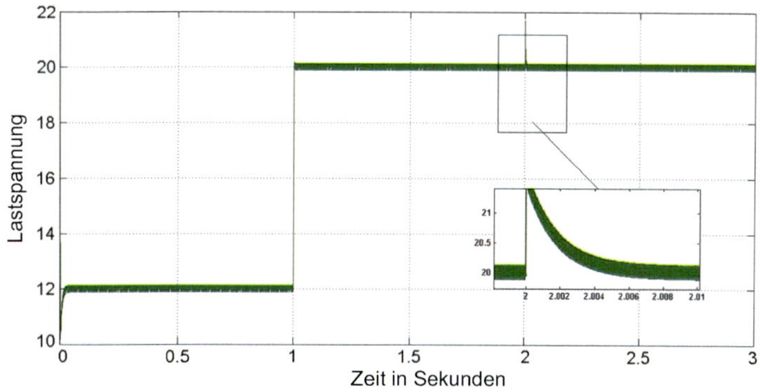

Abb. 4.5 Lastspannung mit vorgeschlagenem adaptiven SMC mit modifizierter Gleitfunktion

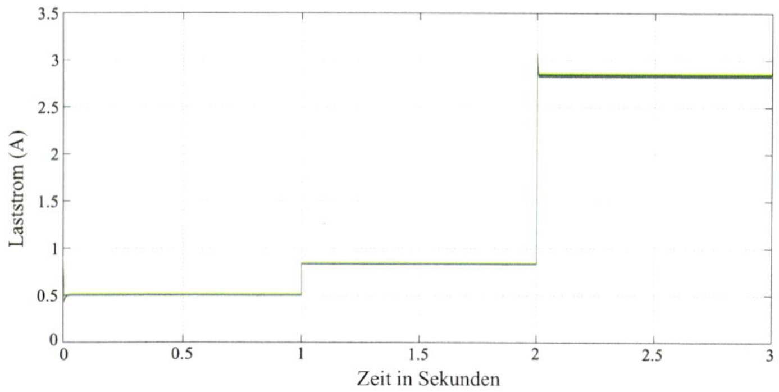

Abb. 4.6 Laststrom mit vorgeschlagenem adaptiven SMC mit modifizierter Gleitfunktion

Techniken wird in den vergrößerten Fenstern in den Abb. 4.3 und 4.5 gezeigt. Es wird beobachtet, dass die vorgeschlagene SMC-Technik schneller ist als die konventionelle SMC, da sie nur 10 ms statt 30 ms benötigt, um die Referenzspannung nach dem Lastsprung wiederherzustellen.

4.6 Schlussfolgerung

Die vorgeschlagene adaptive Gleitmodusregelung mit modifizierter Gleitfunktion wird auf den DC/DC-Aufwärtswandler angewendet. Es stellt sich heraus, dass die vorgeschlagene Regelstrategie in Bezug auf die dynamische Leistung besser ist. Der Abstimmungsparameter wird adaptiv abgestimmt, um den Anforderungen bei Laständerungen gerecht zu werden, und die Gesamtreaktion des Systems wird schneller. Simulationsergebnisse zeigen die Wirksamkeit der Regelstrategie.

Es gibt jedoch viele Anwendungen, wie z.B. batteriebetriebene Systeme, bei denen die Eingangsspannung stark variieren kann, beginnend bei voller Ladung und allmählich abnehmend, wenn die Batterieladung aufgebraucht wird. Bei voller Ladung, wenn die Batteriespannung höher ist als tatsächlich von der angetriebenen Schaltung benötigt, wäre ein geregelter Abwärtswandler ideal, um die Versorgungsspannung konstant zu halten. Wenn jedoch die Ladung abnimmt, fällt die Eingangsspannung unter das von der Schaltung benötigte Niveau, und entweder muss die Batterie weggeworfen oder aufgeladen werden; an diesem Punkt wäre die ideale Alternative ein geregelter Aufwärtswandler (Quelle: http://www.learnabout-electronics.org/PSU/psu33.php). In solchen Fällen, in denen die Batterie die Energiequelle ist oder auf Solarzellen basierende Systeme, kann der Aufwärts-Abwärts-Wandler die Wahl sein. Allerdings können die Aufwärts-Abwärts-Wandler auch für einige elektrische Motorantriebe und Regelungssysteme verwendet werden. Die konventionellen Aufwärts-Abwärts-Wandler liefern die invertierte Ausgangsspannung, d. h., die Polarität der Ausgangsspannung ist entgegengesetzt zu der der Versorgungsspannung. Es gibt jedoch viele nichtinvertierende Aufwärts-Abwärts-Wandler wie Zeta-Wandler, Cuk-Wandler. Das nächste Kapitel befasst sich mit der Modellierung, der SMC-Regelung und der Anwendung des Zeta-Wandlers als Teil des DC/AC-Wandlers.

Literatur

1. Ang, S., Oliva, A.: Power Switching Converters. CRC Press, Taylor & Francis Group, Boca Raton (2005)
2. Edwards, C., Spurgeon, S.: Sliding Mode Control Theory and Applications. Taylor & Francis, London (1998)
3. Mohan, N., Undeland, T., Robbins, W.: Power Electronics. Wiley, Hoboken (2003)
4. Naik, B., Mehta, A.: Adaptive sliding mode controller with modified sliding function for DC DC boost converters. In: IEEE International Conference on Power Electronics Drives and Energy Systems. Mumbai (2014)
5. Sabanovic, A., Fridman, L., Spurgeon, S.: Variable Structure Systems from Principles to Implementation. IET, London (2004)
6. Sira-Remirez, H., Silva-Ortigoza, R.: Control Design Techniques in Power Electronics Devices. Springer, London (2006)
7. Tan, S.C., Lai, Y.M., Tse, C.K.: Sliding Mode Control of Switching Power Converters. CRC Press, Boca Raton (2012)
8. Utkin, V., Guldner, J., Shi, J.: Sliding Mode Control in Electromechanical Systems. Taylor & Francis, London (1999)

Kapitel 5
Gleitmodus-Regler mit PI-Typ Gleitfunktion für Zeta-Wandler

5.1 Einführung in die Modellierung des Zeta-Wandlers

Die Schaltung des Zeta-Wandlers ist in Abb. 5.1a dargestellt. Die Modellierung erfolgt mit der in [8] diskutierten Normalisierungstechnik.

Betrieb der Schaltung im kontinuierlichen Leitungsmodus
Der Zeta-Wandler hat zwei Betriebsmodi, die als Lademodus und Entlademodus bezeichnet werden. Der Lademodus tritt auf, wenn der Schalter geschlossen ist und daher die Diode in Sperrrichtung ist. Der Strom durch die Induktivitäten L_1 und L_2 wird aus der Spannungsquelle [8] gezogen. Der Entlademodus beginnt, wenn der Schalter geöffnet wird. Die Diode ist in Durchlassrichtung gepolt. Im Entlademodus wird die gesamte in L_2 gespeicherte Energie auf die Last R übertragen. Abb. 5.1b und c helfen, den Lade- und Entlademodus des Zeta-Wandlers zu verstehen.

Modellierungsansatz

Normalisierung
Das normalisierte Systemmodell wird durch Änderungen der Skalen zur Messung der Größen der Zustandsvariablen und der Zeitvariablen erhalten. In einem Netzwerk mit R, L und C können die normalisierten Zustände x_1, x_2 und Zeit τ aus Strom i, Spannung v und Zeit t wie folgt erhalten werden:

$$\begin{pmatrix} x_1 \\ x_2 \end{pmatrix} = \begin{pmatrix} \frac{1}{E}\sqrt{\frac{L}{C}} & 0 \\ 0 & \frac{1}{E} \end{pmatrix} \begin{pmatrix} i \\ v \end{pmatrix} \tag{5.1}$$

$$\dot{x_1} = \frac{dx_1}{d\tau} \tag{5.2}$$

A. Mehta und B. Naik, *Gleitmodenregler für leistungselektronische Umrichter*,
https://doi.org/10.1007/978-981-97-2492-5_5

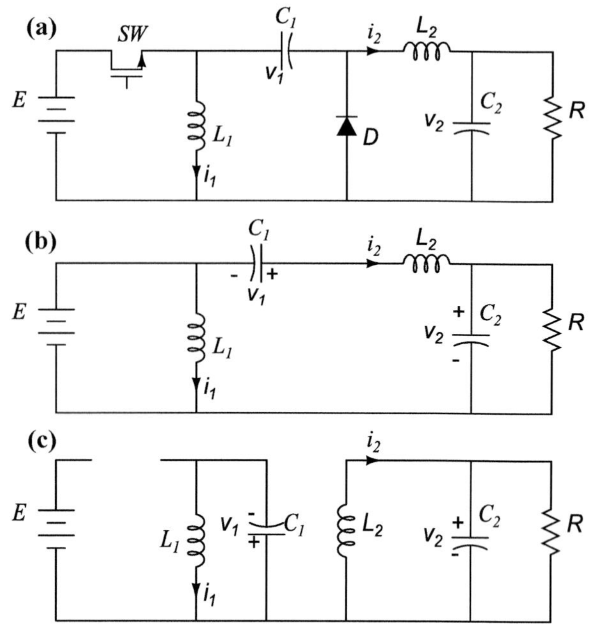

Abb. 5.1 **a** Diagramm für die Zeta-Wandler-Schaltung. **b** Das äquivalente Schaltbild, wenn der Schalter geschlossen ist. **c** Das äquivalente Schaltbild, wenn der Schalter offen ist

$$\tau = \frac{t}{\sqrt{LC}} \tag{5.3}$$

$$Q = R\sqrt{\frac{C}{L}}. \tag{5.4}$$

Modell des Zeta-Wandlers

Mit den bekannten Notationen und u als Schaltregelung entweder *EIN* oder *AUS*, d. h., 1 oder 0, können die dynamischen Regelgleichungen für die Schaltung in Abb. 5.1 wie folgt angegeben werden:

$$L_1\frac{di_1}{dt} = -(1-u)v_1 + uE \tag{5.5}$$

$$C_1\frac{dv_1}{dt} = (1-u)i_1 - ui_2 \tag{5.6}$$

$$L_2\frac{di_2}{dt} = uv_1 - v_2 + uE \tag{5.7}$$

$$C_2\frac{dv_2}{dt} = i_2 - \frac{v_2}{R} \tag{5.8}$$

Bitte beachten Sie, dass in Abb. 5.1 i und v Strom und Spannung bezeichnen.

Mit diesen Variablentransformationen in Gl. (5.1) und der Zeittransformation aus Gl. (5.3) und aus Gl. (5.5) können die folgenden zwei Gleichungen geschrieben werden:

$$\frac{dx_1}{dt} = \frac{1}{E}\sqrt{\frac{L_1}{C_1}}\frac{di_1}{dt} \tag{5.9}$$

$$\frac{dx_1}{dt} = \frac{1}{E}\sqrt{\frac{L_1}{C_1}}[-(1-u)v_1 + uE]/L_1 \tag{5.10}$$

Unter Berücksichtigung der Gl. (5.5), (5.9) und (5.10) und aus den Gl. (5.2) und (5.3) unter Beachtung von $\dot{x_1} = \frac{dx_1}{d\tau}$, kann man die folgende Gleichung ableiten:

$$\dot{x_1} = -(1-u)x_2 + u \tag{5.11}$$

Ähnlich können die verbleibenden drei Gleichungen aus den Gl. (5.6), (5.7) und (5.8) abgeleitet werden:

$$\dot{x_2} = (1-u)x_1 - ux_3 \tag{5.12}$$

$$\theta_1\dot{x_3} = ux_2 - x_4 + u \tag{5.13}$$

$$\theta_2\dot{x_4} = x_3 - \frac{x_4}{Q}, \tag{5.14}$$

wobei x_1, x_2, x_3, und x_4 für i_1, v_1, i_2, und v_2, stehen. Beachten Sie auch, dass $\theta_1 = \frac{L_2}{L_1}$ und $\theta_2 = \frac{C_2}{C_1}$, $Q = R\sqrt{\frac{C_1}{L_1}}$.

5.1.1 Studium der Gleichgewichtspunktdynamik

Aus den Gl. (5.11) bis (5.14) kann man die Zustandsgleichungen des Gleichgewichtspunkts mit U als Eingangssignal schreiben, das gemittelt u ist:

$$\begin{pmatrix} 0 & -(1-U) & 0 & 0 \\ 1-U & 0 & -U & 0 \\ 0 & U & 0 & -1 \\ 0 & 0 & 1 & \frac{-1}{Q} \end{pmatrix}\begin{pmatrix} x_{1e} \\ x_{2e} \\ x_{3e} \\ x_{4e} \end{pmatrix} = \begin{pmatrix} -U \\ 0 \\ -U \\ 0 \end{pmatrix} \tag{5.15}$$

Hier ist x_{ie}, wobei $i = 1$ bis 4 die Gleichgewichtszustände bezeichnet. Aus Gl. (5.15) kann man den folgenden Satz von Gleichungen ableiten:

$$x_{1e} = \frac{1}{Q}\frac{U^2}{(1-U)^2} \tag{5.16}$$

$$x_{2e} = \frac{U}{(1-U)} \tag{5.17}$$

$$x_{3e} = \frac{1}{Q}\frac{U}{(1-U)} \tag{5.18}$$

Gl. 5.19 zeigt, dass der Wandler entweder im Step-up- oder im Step-down-Modus

$$x_{4e} = \frac{U}{(1-U)} \tag{5.19}$$

betrieben werden kann. Nun können die obigen Gleichungen auf eine andere Weise geschrieben werden:

$$x_{1e} = \frac{{x_{4e}}^2}{Q} \tag{5.20}$$

$$x_{2e} = x_{4e} \tag{5.21}$$

$$x_{3e} = \frac{x_{4e}}{Q} \tag{5.22}$$

$$U = \frac{x_{4e}}{(x_{4e}+1)} \tag{5.23}$$

Wenn wir den Zustandsvektor als $x = [x_1, x_2, x_3, x_4]^T$, definieren, wobei T die Transposition bezeichnet, dann kann das Modell des Zeta-Wandlers aus den Gl. (5.11) bis (5.14) geschrieben werden als

$$\dot{x} = f(x) + g(x)u, \tag{5.24}$$

wobei

$$f(x) = \begin{pmatrix} -x_2 \\ x_1 \\ -\frac{1}{\theta_1}x_4 \\ \frac{1}{\theta_2}(x_3 - \frac{x_4}{Q}) \end{pmatrix} \tag{5.25}$$

$$g(x) = \begin{pmatrix} 1 + x_2 \\ -x_1 - x_3 \\ \frac{1}{\theta_1}(1 + x_2) \\ 0 \end{pmatrix}. \tag{5.26}$$

5.2 Auswahl der Gleitfläche

Die Auswahl der Gleitfläche [1, 9] auf zufällige Weise ist nicht bevorzugt, da sie zu einem instabilen Verhalten führen kann. Um dies zu demonstrieren, definieren wir eine Gleitfläche S, die wie folgt ausgedrückt werden kann:

$$S = \dot{x_4} + \alpha(x_4 - V_d), \tag{5.27}$$

wobei V_d die gewünschte Ausgangsspannung der Zeta-Wandler-Schaltung ist. Dies führt zu dem äquivalenten Regelgesetz, $u_{eq} = \frac{V_d}{1+x_2}$. Mit diesem u_{eq} können die Gl. (5.11) und (5.12) umgeschrieben werden zu

$$\frac{dx_1}{dt} = -x_2 + V_d, \tag{5.28}$$

$$\frac{dx_2}{dt} = x_1 - \frac{V_d}{1+x_2}(x_1 + x_{3e}). \tag{5.29}$$

Die linearisierten Null-Dynamiken am Gleichgewichtspunkt $(x_{1e}, x_{2e}) = (\frac{{V_d}^2}{Q}, V_d)$ können durch die Linearisierungstechnik erhalten werden. Die ersten und zweiten Elemente der ersten Zeile in der Systemmatrix von Gl. (5.30) können durch partielle Differentiation der Gl. (5.28) nach x_1 bzw. x_2 erhalten werden. Ähnlich können die ersten und zweiten Elemente in der zweiten Zeile der Systemmatrix von Gl. (5.30) durch partielle Differentiation der Gl. (5.29) nach x_1 bzw. x_2 erhalten werden, unter Berücksichtigung von $x_{1e} = \frac{{V_d}^2}{Q}$ und $x_{3e} = \frac{V_d}{Q}$ aus den Gl. (5.20) und (5.22). Daher können die Dynamiken des Gleichgewichtspunkts ausgedrückt werden als

$$\begin{pmatrix} \delta \dot{x}_{1e} \\ \delta \dot{x}_{2e} \end{pmatrix} = \begin{pmatrix} 0 & -1 \\ \frac{1}{1+V_d} & \frac{V_d^2}{Q(1+V_d)} \end{pmatrix} \begin{pmatrix} \delta x_{1e} \\ \delta x_{2e} \end{pmatrix}, \tag{5.30}$$

wobei δ die Abweichung vom Gleichgewichtspunkt darstellt. Durch Betrachtung der Matrix in der obigen Gleichung kann festgestellt werden, dass die charakteristische Gleichung für die linearisierten Null-Dynamiken von Gl. (5.30) gegeben werden kann durch

$$det\left[(sI) - \begin{pmatrix} 0 & -1 \\ \frac{1}{1+V_d} & \frac{V_d}{Q(1+V_d)} \end{pmatrix}\right] = 0, \tag{5.31}$$

wobei s der Laplace-Operator und I die Identitätsmatrix ist. Die charakteristische Gleichung wird jedoch zu $s^2 - \frac{V_d}{Q(1+V_d)} + \frac{1}{1+V_d} = 0$ die mindestens eine Wurzel auf der rechten Hälfte der *s-Ebene* hat. Dies bedeutet, dass die Dynamiken des Gleichgewichtspunkts instabile Dynamiken aufweisen. Daher ist die Gleitfläche von Gl. (5.27) nicht tauglich.

Wir wählen die Gleitfläche so aus, dass gilt:

$$S = x_1 - x_{1e} = x_1 - \frac{{V_d}^2}{Q}. \tag{5.32}$$

Es kann die Existenz einer positive-definiten Funktion [7] der Zustände, die die linearisierten Dynamiken am Gleichgewichtspunkt $x_1 = \frac{{V_d}^2}{Q}$ darstellen, bewiesen werden: $V = v(\delta x_2, \delta x_{3e}, \delta x_{4e}, \Theta)$, wobei v eine Funktion von Variablen bezeichnet und Θ ausreichend groß ist, um V positiv definit zu machen. Und wenn man $\dot{V} < 0$ beweisen kann, dann ist die Stabilität garantiert. Es kann gezeigt werden, dass eine solche positive-definite Funktion existiert und daher kann Gl. (5.32) genommen werden [8]. Das folgende konventionelle SMC-Regelgesetz wird gewählt:

$$u = 0{,}5 * [1 - \text{sgn}(x_1 - x_{1e})] \tag{5.33}$$

Das SMC-Gesetz mit modifizierter Gleitfunktion [4–6] für den Zeta-Wandler ist in diesem Fall:

$$u = 0{,}5 * \left[1 - sgn\left(S + \gamma \int Sdt\right)\right]. \tag{5.34}$$

Der Integralterm wird hinzugefügt, um den stationären Fehler zu reduzieren. Die Simulationsergebnisse werden im folgenden Abschnitt vorgestellt.

Begründung für die Wahl der Gleitfunktion

Mit der Gleitfunktion oder Gleitebene, die in Gl. (5.32) gegeben ist, sind die Dynamiken des Gleichgewichtspunkts stabil [8]. Aus Gl. (5.24) kann das äquivalente Regelgesetz u_{eq} wie folgt erhalten werden:

$$u_{eq} = -\left[\frac{\partial S}{\partial x^T} f(x)\right]\left[\frac{\partial S}{\partial x^T} g(x)\right]^{-1} \tag{5.35}$$

Daher wird u_{eq} gegeben durch:

$$u_{eq} = \frac{x_2}{1 + x_2} \tag{5.36}$$

Auch kann u_{eq} aus Gleichung (5.11) erhalten werden, indem $\dot{x_1} = 0$ eingesetzt wird. Die idealen Gleitmodusdynamiken entsprechend $S = 0$, d. h. $x_1 = \frac{{V_d}^2}{Q}$, können wie folgt gegeben werden:

$$\frac{dx_2}{d\tau} = \frac{1}{1 + x_2}(x_{1e} - x_2 x_3) \tag{5.37}$$

$$\theta_1 \frac{dx_3}{d\tau} = x_2 - x_4 \tag{5.38}$$

$$\theta_2 \frac{dx_4}{d\tau} = x_3 - \frac{1}{Q} x_4 \tag{5.39}$$

Für die Stabilitätsbewertung für Gleichgewichtspunktdynamiken kann die folgende positiv definite Funktion gewählt werden [8]:

$$V = \frac{1}{2}\left[(x_2 - x_{2e})^2 + \theta_1(x_3 - x_{3e})^2 + \theta_2(x_4 - x_{4e})^2\right] + \Theta \\ - \int_0^{\tau} \frac{[x_2(\sigma) - x_{2e}][x_3(\sigma) - x_{3e}]}{1 + x_2(\sigma)} d\sigma \tag{5.40}$$

Hier ist $\Theta > 0$ so, dass V positiv definit ist mit $x_2 > 0$. Mit einigen mathematischen Argumenten kann gezeigt werden, dass

$$\dot{V} = -\frac{1}{Q}(x_4 - x_{4e})^2 - x_{3e}\frac{(x_2 - x_{2e})^2}{(1 + x_2)} \leq 0. \tag{5.41}$$

Daher kann die Gleitfläche S in Gl. (5.32) genommen werden. Nun führt das Umschalten über S zu stabilen Gleichgewichtspunktdynamiken. Gleiches gilt für das Umschalten über $\left(S + \gamma \int Sdt\right)$. Der Grund dafür kann aus den folgenden Argumenten sehr klar gesehen werden. Das Gleichsetzen von $\left(S + \gamma \int Sdt\right)$ mit null führt zu $S = -\gamma \int Sdt$. Und für $\gamma > 0$, führt dieser Zustand zur Minimierung von S.

5.3 Simulationsergebnisse mit abschließenden Bemerkungen

In Abb. 5.2 sind die Umrisse der Implementierung der Regelungsstrategien dargestellt. Beachten Sie, dass die normalisierten Werte des i_1 verwendet werden. Darüber hinaus wird x_{4e} durch den normalisierten Gleichgewichtszustand

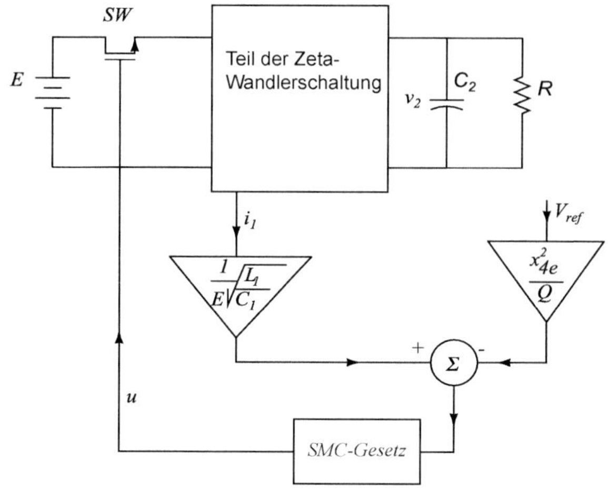

Abb. 5.2 Zeta-Wandlerschaltung mit SMC

Tab. 5.1 Simulationsparameter für den Zeta-Wandler unter SMC

Symbol	Beschreibung	Wert
L_1	Induktivität	600 μH
L_2	Induktivität	1,3 mH
C_1	Kapazität	15μF
C_2	Kapazität	12μF
V_i	Versorgungsspannung	120 V
V_{ref}	Referenzspannung	60 oder 150 V
r_L	Lastwiderstand	25 Ω
	Anfängliche Kondensatorspannung	0 V
ε	Hysterese im Schaltelement	0,001

gegeben: $x_{4e} = \frac{V_{ref}}{E}$. In Abb. 5.2 ist der Block *SMC-Gesetz* ein Gleitmodusregler, der das in Gl. (5.33) oder in Gl. (5.34) erwähnte Regelgesetz verwendet.

Die Simulationsparameter sind gemäß Tab. 5.1 eingestellt. Die Abbildungen sind selbsterklärend. In Abb. 5.2 wird das Simulationsmodell gezeigt. Abb. 5.3 zeigt die Lastspannung und Antworten für den Wandler mit der herkömmlichen und der vorgeschlagenen SMC. Die Referenzspannung ist auf 60 V eingestellt und springt auf 150 V bei 0,2 s. Die gestrichelten Linien repräsentieren die Referenzspannung. Abb. 5.4 und 5.5 zeigen die Ströme durch die Induktivitäten L_1 und L_2 , jeweils mit der herkömmlichen und der vorgeschlagenen SMC. Die Grafen sehen fast gleich aus, außer einem Spike, der in Abb. 5.4b zu sehen ist. Die Kondensatorspannung über C_1 ist in Abb. 5.6 für die genannten Regelungsstrategien gezeigt. Durch die Betrachtung der Abb. 5.7 und 5.8 kann man sofort erkennen, dass der stationäre Fehler in der Referenzverfolgung durch die Verwendung der vorgeschlagenen SMC sowohl im *Step-down-* als auch im *Step-up*-Betriebsmodus reduziert wird. Für den *Step-down*-Modus, d. h. für die Referenz von 60 V, beträgt der stationäre Fehler 0,15 V für die herkömmliche SMC und 0,02 V für die vorgeschlagene SMC, wie aus Abb. 5.7a, b zu entnehmen ist. Ebenso kann aus Abb. 5.8 der stationäre Fehler für den *Step-up*-Betriebsmodus, d. h. für die Referenzspannung von 150 V, entnommen werden. Für die herkömmliche SMC beträgt der stationäre Fehler in der Referenzverfolgung 0,4 V, während er für die vorgeschlagene SMC 0,35 V beträgt.

5.4 Schlussfolgerung

In diesem Kapitel wird die Modellierung des Zeta-Wandlers mit der Normalisierungstechnik vorgestellt. Die Bedeutung der Auswahl einer geeigneten Gleitfläche wird ebenfalls erläutert. Die detaillierte Analyse des Wandlers wird unter der SMC vorgestellt. Der Zeta-Wandler wird sowohl mit dem konventionellen als auch mit dem vorgeschlagenen Gleitmodusregler geregelt. Die

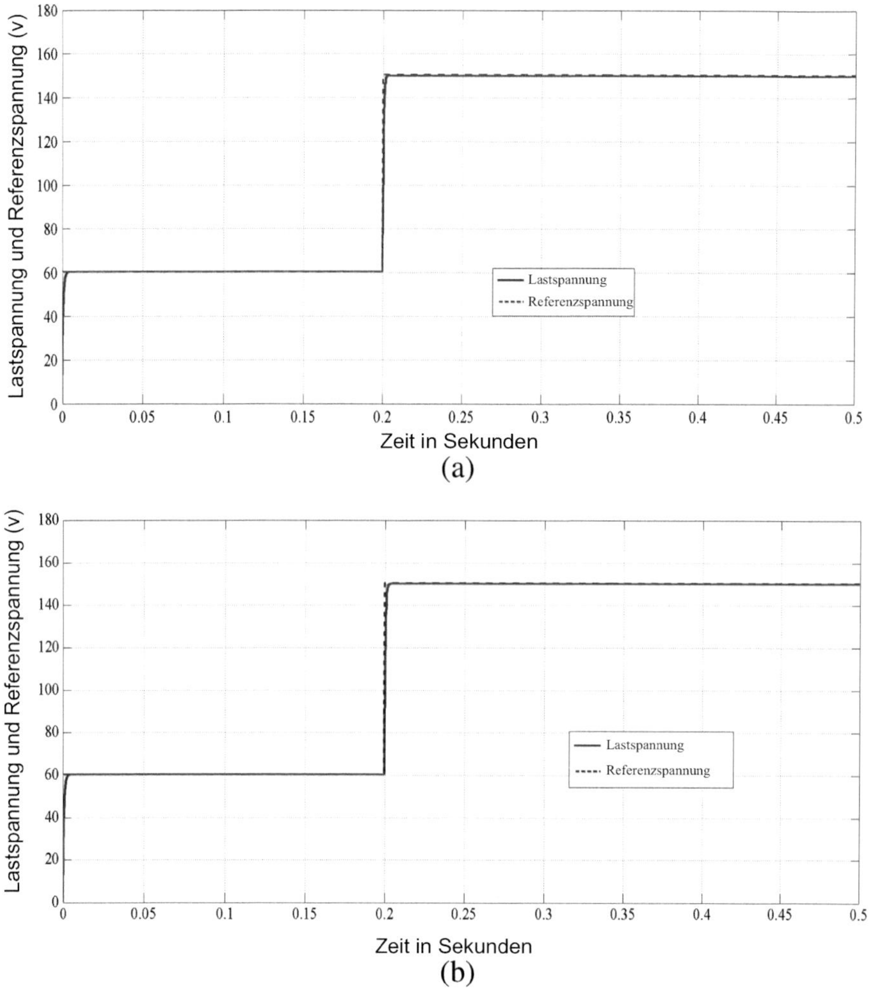

Abb. 5.3 Lastspannungsreaktionen auf einen Sprung der Referenzspannung von 60 V auf 150 V, **a** konventionelle SMC, **b** vorgeschlagene SMC

Simulationsergebnisse zeigen, dass die vorgeschlagene SMC die konventionelle SMC hinsichtlich des stationären Fehlers übertrifft.

Bis jetzt wurden nur die Gleichstrom-Gleichstrom-Wandler mit SMC diskutiert. Es gibt jedoch viele Wechselstromanwendungen wie Wechselrichter, USV und Wechselrichter mit variabler Spannung und Frequenz (VVVF), die in verschiedenen industriellen Anwendungen weit verbreitet sind. Die Idee der Implementierung eines Sinuswechselrichters wird im nächsten Kapitel vorgestellt. Darüber hinaus werden die Grundzüge der Leistungsfaktorregler gegeben.

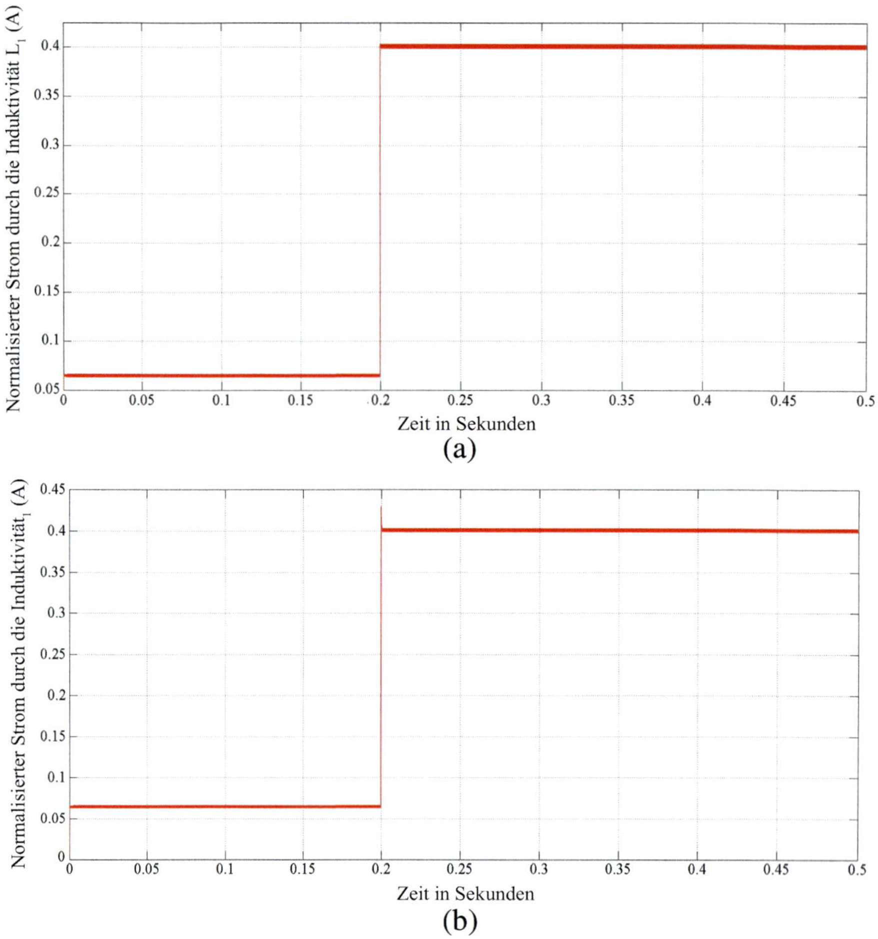

Abb. 5.4 Strom durch die Induktivität L_1, **a** konventionelle SMC, **b** vorgeschlagene SMC

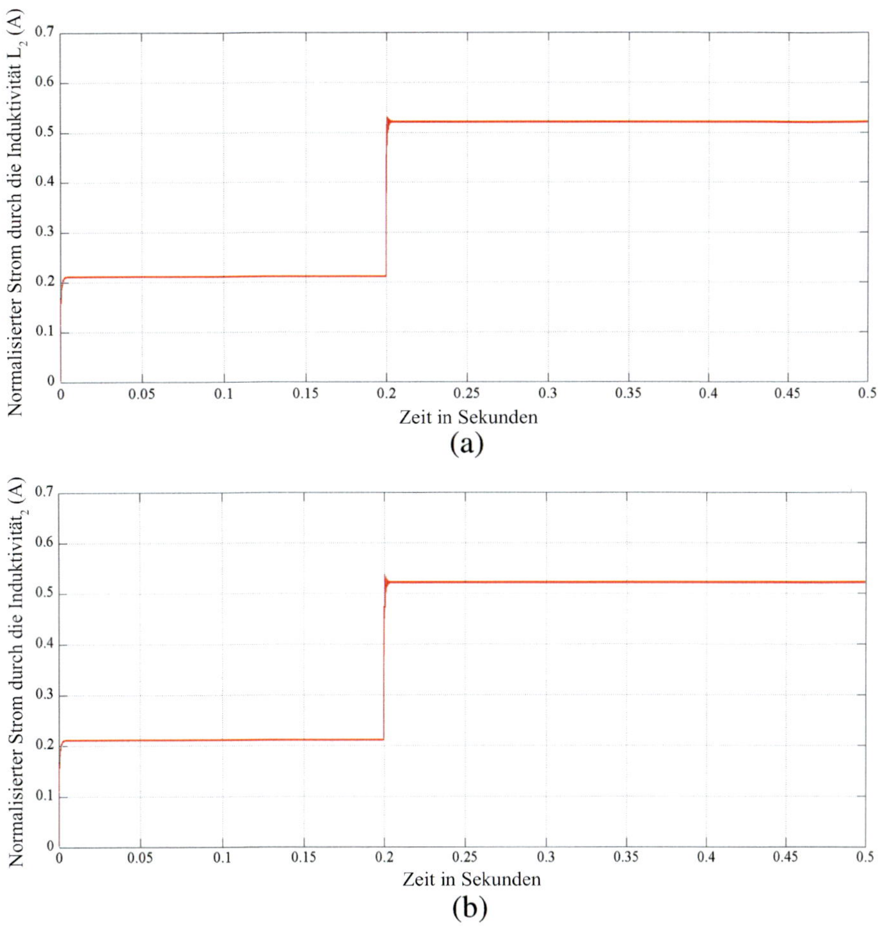

Abb. 5.5 Strom durch die Induktivität L_2, **a** konventionelle SMC, **b** vorgeschlagene SMC

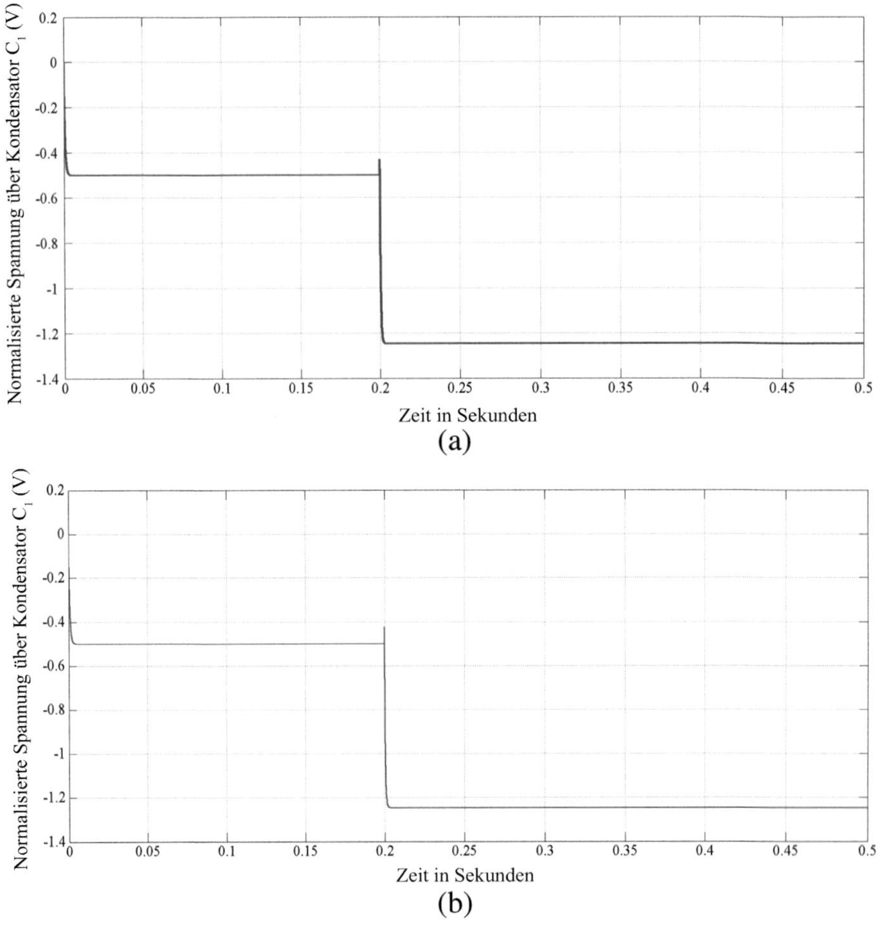

Abb. 5.6 Spannung über Kondensator C_1, **a** konventionelle SMC, **b** vorgeschlagene SMC

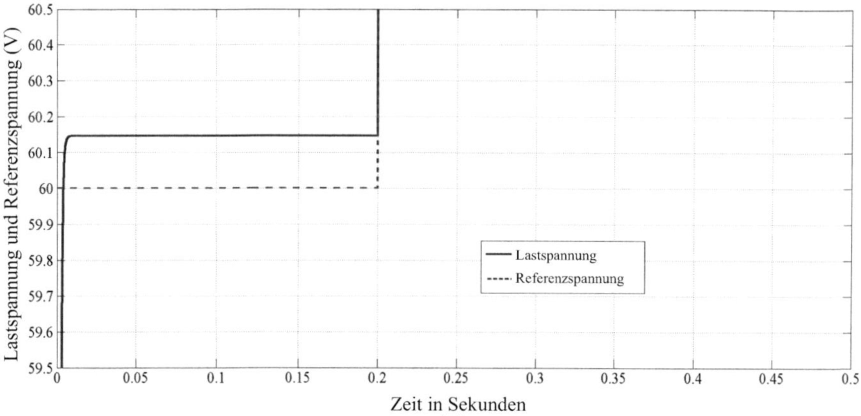

(a)

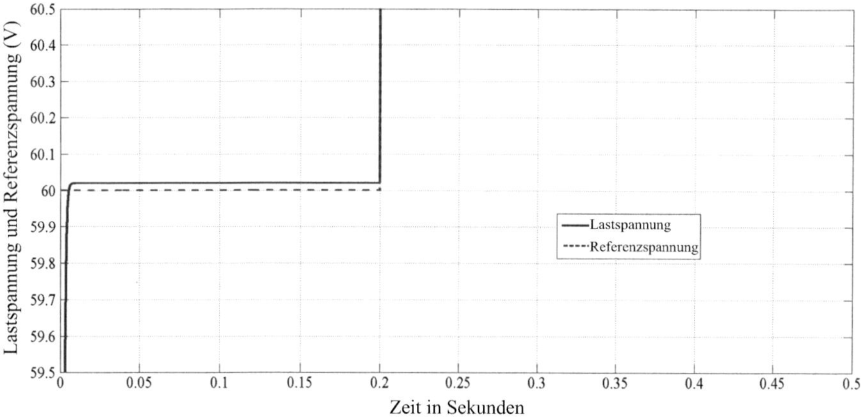

(b)

Abb. 5.7 Lastspannung im Step-down-Betriebsmodus, **a** konventionelle SMC, **b** vorgeschlagene SMC

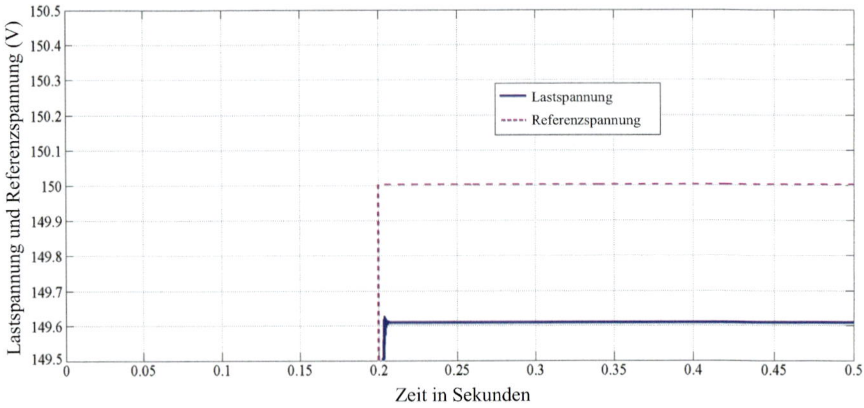

(a)

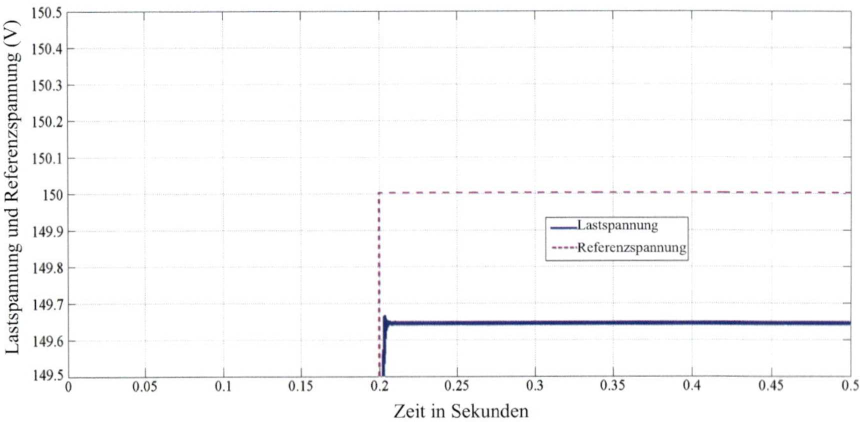

(b)

Abb. 5.8 Lastspannung im Step-up-Betriebsmodus, **a** konventionelle SMC, **b** vorgeschlagene SMC

Literatur

1. Edwards, C., Spurgeon, S.: Sliding Mode Control Theory and Applications. Taylor & Francis, London (1998)
2. Falin, J.: Designing DC/DC converters based on zeta topology. Analog. Appl. J. Tex. Instrum. **02**, 16–21 (2010)
3. Fan, H.: Design tips for an efficient non-inverting buck-boost converter. Analog. Appl. J. Tex. Instrum. 20–25 (2014)
4. Naik, B., Mehta, A.: Adaptive sliding mode controller with modified sliding function for DC-DC boost converters. In: IEEE International Conference on Power Electronics Drives and Energy Systems. Mumbai (2014)
5. Naik, B., Mehta, A.: Sliding mode controller with modified sliding function for buck type converters. In: 22nd IEEE International Symposium on Industrial Electronics. Taipei (2013)

6. Naik, B., Mehta, A.: Sliding mode controller with modified sliding function for DC-DC buck converter. ISA Trans. **70**, 279–287 (2017). Elsevier
7. Ogata, K.: Modern Control Engineering. Prentice Hall, New Jersey (1997)
8. Sira-Remirez, H., Silva-Ortigoza, R.: Control Design Techniques in Power Electronics Devices. Springer, London (2006)
9. Utkin, V., Guldner, J., Shi, J.: Sliding Mode Control in Electromechanical Systems. Taylor & Francis, London (1999)
10. Vuthchhay, E., Bunlaksananusorn, C.: Modeling and control of zeta converter. In: International Power Electronics Conference. Sapporo, Japan (2010)

Kapitel 6
Anwendung des Gleitmodus-Reglers mit PI-Typ Gleitfunktion für Wechselrichter und Leistungsfaktorregler

6.1 Das Wechselrichtersystem mit Zeta-Wandler

Der Aufwärts-Abwärts-Wandler, wie der Zeta-Wandler, kann ein geeigneter Wandler für die Gestaltung eines Wechselrichters sein [2]. Die detaillierte Diskussion über den Zeta-Wandler wird im vorherigen Kapitel besprochen. Hier ist die Referenz-/gewünschte Spannung V_d für den Ausgang des Zeta-Wandlers die vollwellen-gerichtete Sinuswelle,

$$V_d = \text{abs}(160 * \sin(2\pi ft), \tag{6.1}$$

(wo „abs“ den absolut positiven Wert bezeichnet). Der Ausgang des Zeta-Wandlers wird dann an die H-Brücken-Schaltung mit MOSFET oder IGBT als Schaltgeräte geführt, wie in Abb. 6.1 gezeigt [4, 5].

Die Schaltlogik in der Abbildung besteht darin, das entsprechende Paar von gegenüberliegenden IGBT/MOSFET mit dem Vorzeichen bzw. Polarität von $V_{\text{sine}} = \sin(2\pi ft)$ zu schalten. Abb. 6.2 zeigt die Lastspannung und die Referenzsinusschwingung von Gl. (6.1) mit einer Frequenz von 50,25 Hz. Offensichtlich ist die perfekte Nachführung nicht erfolgt, aber für die meisten praktischen Anwendungen ist sie ziemlich zufriedenstellend. Abb. 6.3 zeigt die FFT-Analyse der Spannung. Die Total Harmonic Distortion (THD) in Prozent beträgt etwa 4,63, und das kann durchaus akzeptabel sein.

A. Mehta und B. Naik, *Gleitmodenregler für leistungselektronische Umrichter*,
https://doi.org/10.1007/978-981-97-2492-5_6

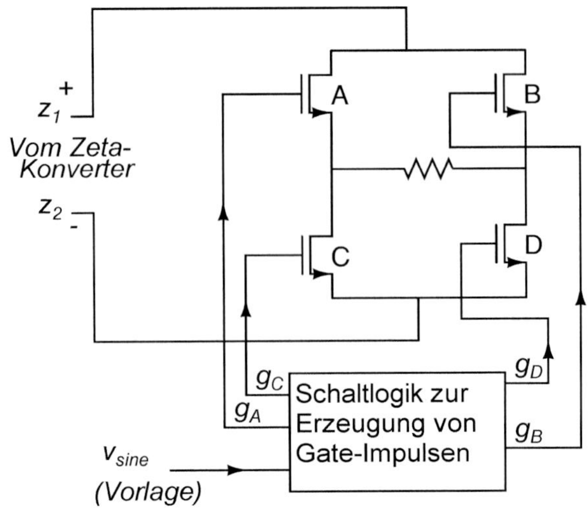

Abb. 6.1 Wechselrichterschaltung versorgt durch den Ausgang des Zeta-Wandlers

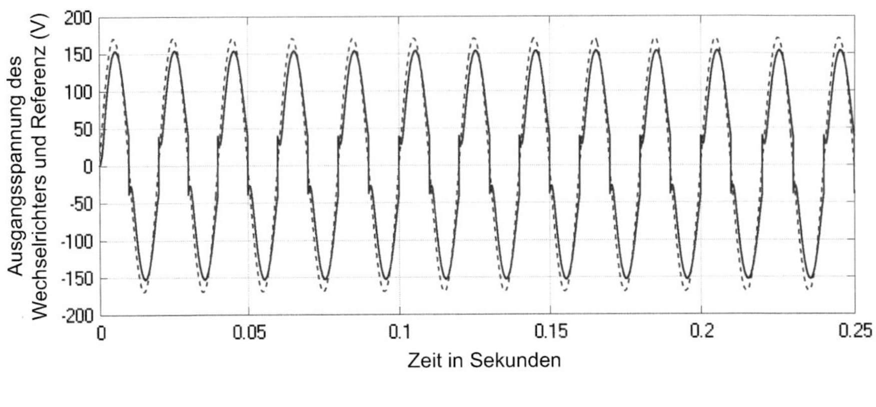

Abb. 6.2 Lastspannung der Wechselrichterschaltung und Referenzsinusschwingung (gestrichelte Linie) 50,25 Hz

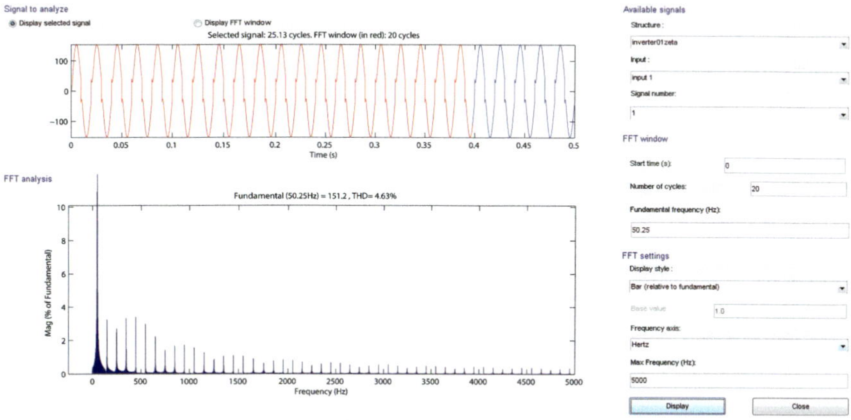

Abb. 6.3 FFT-Spektrum der Lastspannung des Wechselrichters

6.2 Leistungsfaktorregler mit Gleitmodusregler mit PI-Typ Gleitfunktion

Der Leistungsfaktor ist der Hauptaspekt für jede AC/DC-Stromumwandlung. Er spiegelt direkt die Effizienz und Qualität solcher Leistungselektronikwandler wider. Die Leistungsfaktorregelung wird in der Regel mit Aufwärtswandlern aus offensichtlichen Gründen entworfen. Der Regler, wie der Name schon sagt, hält die Versorgungsspannung und den Strom in Phase und verbessert somit den Versorgungsseitigen Leistungsfaktor. Der Leistungsfaktorregler (PFC) wirkt wie ein Widerstand auf der Versorgungsseite. Eine sinusförmige Referenz ist erforderlich. Die Anwendung von SMC für PFC ist in [3, 6] verfügbar. In diesem Abschnitt präsentieren wir direkt Simulationsergebnisse für PFC-Aufwärtswandler, ohne viel über die Theorie zu diskutieren. Für die Simulationsstudie werden die Parameter gemäß der Tab. 6.1 eingestellt.

In Abb. 6.4 wird der Versorgungsstrom zur besseren Visualisierung im Diagramm um den Faktor 5 verstärkt. Der Sollwert für die Last-Kondensator-Spannung V_{ref} beträgt 400 V. Die Einstellungen des PID-Reglers sind wie angegeben. Es ist aus Abb. 6.6 ersichtlich, dass die Lastspannung mit geringen Schwankun-

Tab. 6.1 Simulationsparameter für den untersuchten Zeta-Wandler und das Invertersystem

Symbol	Beschreibung	Wert
L_1	Induktivität	2 mH
C_1	Kapazität	940 µF
R	Lastwiderstand	160 Ω
V_{ref}	Referenzspannung	400 oder 450 V
f	Versorgungsfrequenz	50 Hz
f_s	PWM-Schaltfrequenz	80 kHz

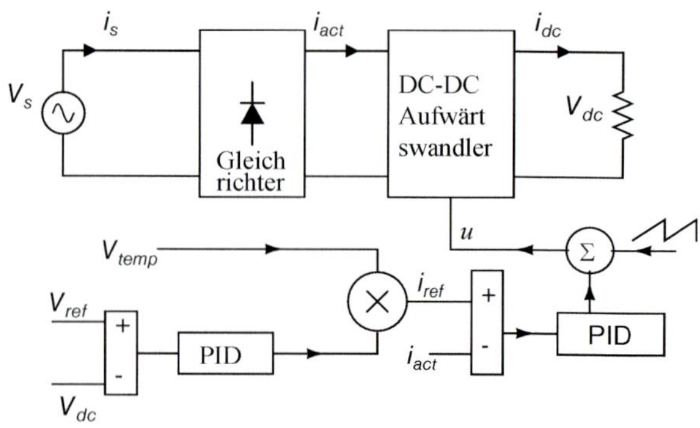

Abb. 6.4 PFC-Aufwärtswandler mit Spannungs- und Stromreferenzen und mit PWM/PI-Regler

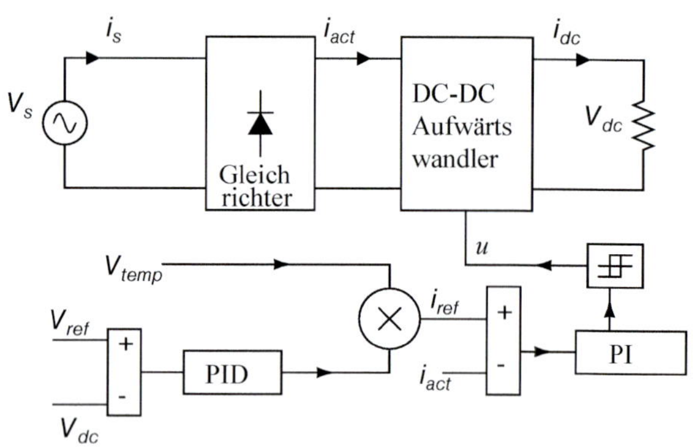

Abb. 6.5 PFC-Aufwärtswandler mit Spannungs- und Stromreferenzen und mit SMC-Regelung

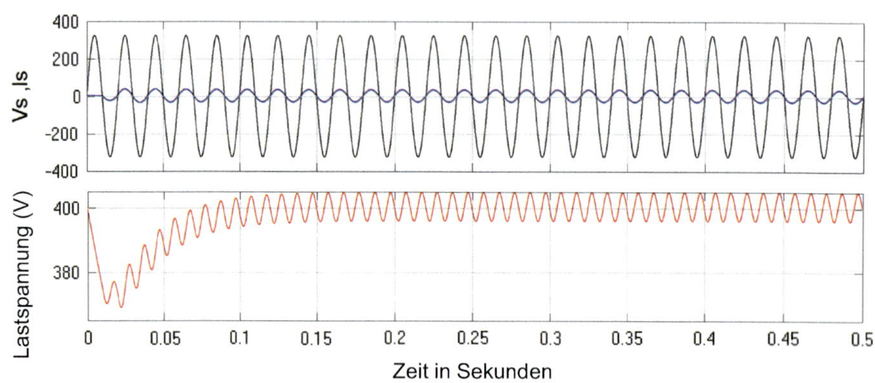

Abb. 6.6 Spannungs-, Strom- und Lastspannungswellenformen für PFC-Aufwärtswandler mit PWM/PI-Regelung

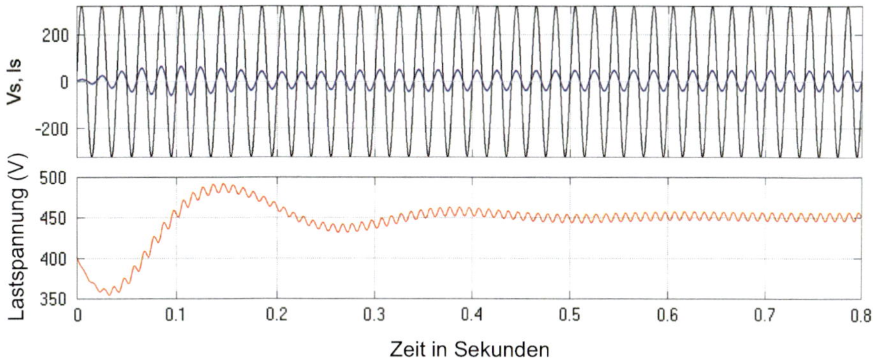

Abb. 6.7 Spannungs-, Strom- und Lastspannungswellenformen für PFC-Aufwärtswandler mit SMC-Regelung

gen um die Referenz (400 V) liegt. Während die Versorgungsspannung und der Strom (V_s) und (I_s) in Phase sind. Somit ist das Ziel erreicht. Abb. 6.5 zeigt das gleiche System mit SMC und ohne Verwendung von PWM für die innere Regelkreisschleife, d.h., Stromschleife. Die Referenz beträgt 450 V. Beachten Sie, dass V_{dc}, i_{dc} die Lastspannung und den Strom darstellen. i_{ref}, i_{act} stellen den Referenz- und Ist-Strom durch die Induktivität für den DC/DC-Aufwärtswandler dar. Darüber hinaus ist $V_{temp} = |\sin(2\pi ft)|$, wobei f die Versorgungsfrequenz ist. Die Ergebnisse sind in Abb. 6.7 dargestellt.

6.2.1 Gleitmodusregelung für Stromschleife der Leistungsfaktorregelung

Die SMC für die innere Schleife, die als Stromregelschleife fungiert, kann durch folgende Gleichung gegeben werden:

$$u = \text{sgn}\left(k_1 e + k_2 \int edt\right). \tag{6.2}$$

Hier repräsentieren k_1, k_2 den proportionalen bzw. den integralen Verstärkungsfaktor im inneren PI-Regler in Abb. 6.5. Der Fehler-Eingang zum PI-Regler ist:

$$e = i_{ref} - i_{act}. \tag{6.3}$$

Der Fehler erster Ordnung ist:

$$\frac{de}{dt} = \frac{di_{ref}}{dt} - \frac{di_{act}}{dt} = \dot{i}_{ref} - \frac{V_i}{L} + \frac{V_{dc}}{L}\bar{u}. \tag{6.4}$$

Hier ist V_i die vollwellengleichgerichtete Netzspannungseingabe zum Aufwärtswandler [1]. Beachten Sie auch, dass $\bar{u}$ das Komplement von u bezeichnet, d.h., $\bar{u} = 1 - u$. $u = 1$ und $u = 0$ symbolisieren wie üblich die *EIN*- und *AUS*-Zustände des Schaltelements des Aufwärtswandlers.

Aus den Gl. (6.4) und (6.2) kann man sofort erkennen, dass

$$\dot{e} = \dot{i}_{ref} - \frac{V_i}{L} + \frac{V_{dc}}{L}\left(1 - sgn\left(k_1 e + k_2 \int edt\right)\right). \tag{6.5}$$

Hier sieht man, dass für $e > 0$ die Stabilitätsbedingung $i_{ref} < \frac{V_i}{L}$ erfüllt sein muss. Ähnlich muss die Bedingung $|\frac{2V_{dc}}{L}| > \left(i_{ref} - \frac{V_i}{L}\right)$ erfüllt sein für $e < 0$. Daher ist die Konvergenz des Fehlers gewährleistet für $k_1, k_2 > 0$.

6.2.2 *Simulationsergebnisse*

Die Untersuchung der PFC-Aufwärtswandler-Schaltung für die Stromreferenzverfolgung wird auch für PWM/PI- und SMC-Regelungsaktionen durchgeführt. Bei der SMC wird jedoch die Gleitfläche als PI-Typ gewählt. Die Open-Loop-Antwort der PFC-Aufwärtswandler-Schaltung ist in Abb. 6.8 dargestellt. Die THD in Prozent wird für diesen Open-Loop-Fall in Abb. 6.9 gezeigt, die ziemlich inakzeptabel ist. Der Referenzstrom wird jedoch in beiden Fällen von PWM/PI- und SMC-Controllern verfolgt (Referenzstromamplitude 10 A) (Abb. 6.10, 6.11, 6.12 und 6.13). Die FFT-Spektralanalyse und die THD-Werte sind in den Abb. 6.14 und 6.15 für PWM/PI- und SMC-Regelungsaktionen für die PFC-Aufwärtswandler-Schaltung zu sehen. Der beobachtete THD-Wert für den Fall des SMC-Controllers ist offensichtlich mit 5,72% besser.

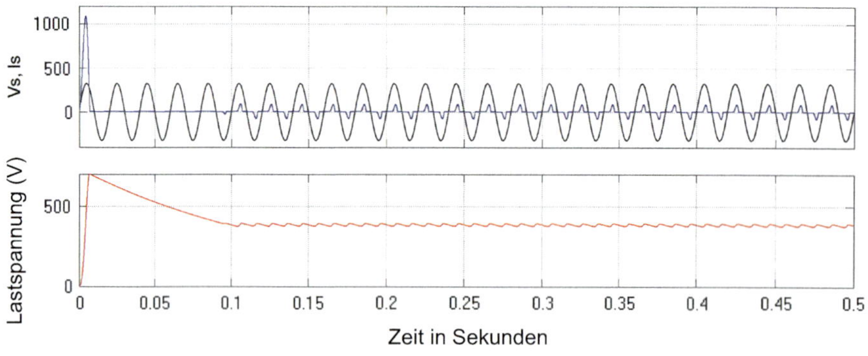

Abb. 6.8 Offene Schleifenantwort des PFC-Aufwärtswandlers bei einem Tastverhältnis von 20%

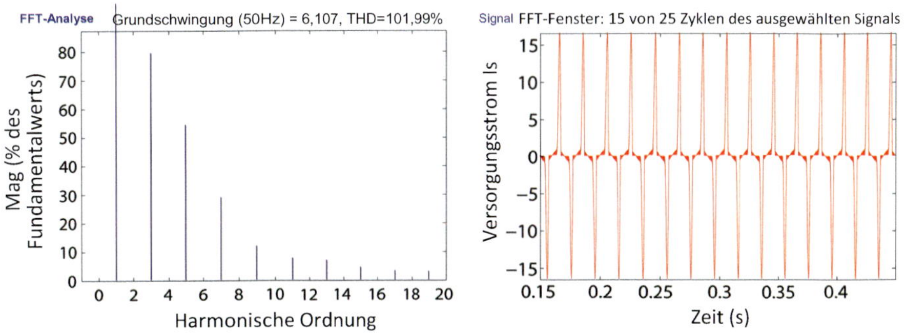

Abb. 6.9 FFT-Spektrum für PFC-Aufwärtswandler im offenen Regelkreis

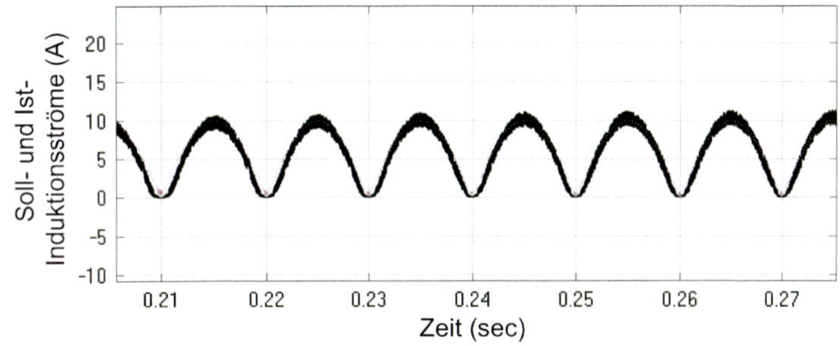

Abb. 6.10 PFC-Aufwärtswandler-Referenzstromverfolgung von 10 A mit PWM/PI-Regler mit einer Proportionalverstärkung von 2 und einer Integralverstärkung von 50

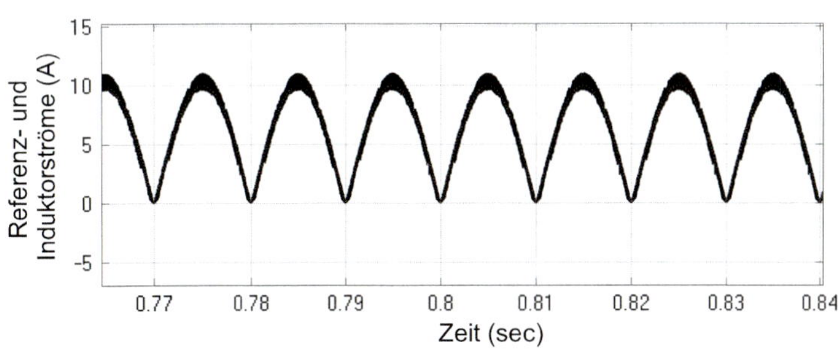

Abb. 6.11 PFC-Aufwärtswandler-Referenzstromverfolgung von 10 A mit SMC-Regler mit PI-Typ-Gleitfunktion, Proportionalverstärkung von 2 und Integralverstärkung von 0,01

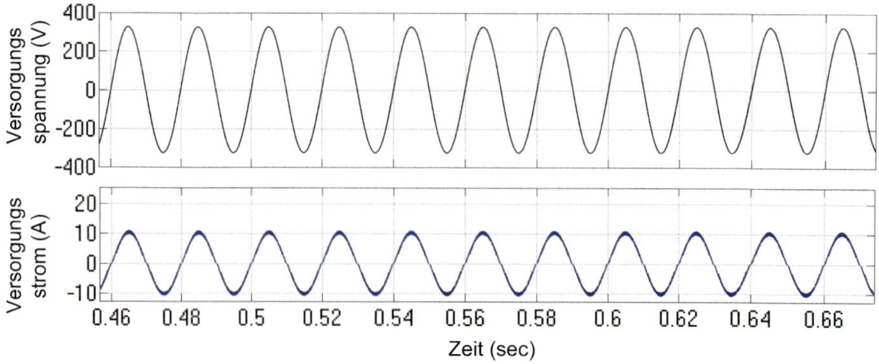

Abb. 6.13 Netzspannung und Netzstrom für PFC-Aufwärtswandler-Schaltung unter SMC-Regelung

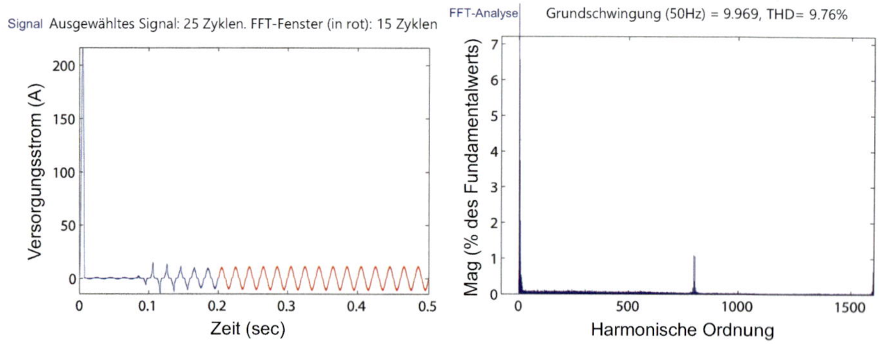

Abb. 6.14 FFT-Spektrum des Netzstroms für PFC-Aufwärtswandler mit PWM/PI-Regelung

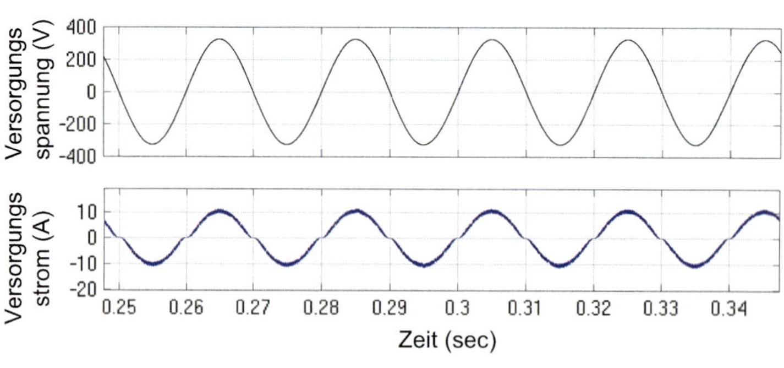

Abb. 6.12 Netzspannung und Netzstrom für PFC-Aufwärtswandler-Schaltung mit PWM/PI-Regelung

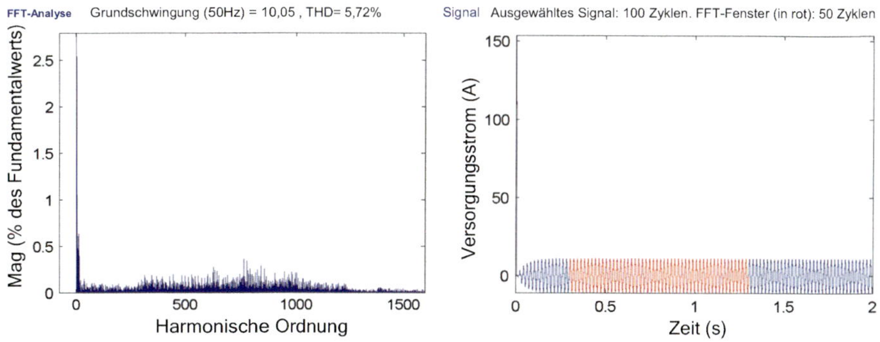

Abb. 6.15 FFT-Spektrum des Netzstroms für PFC-Aufwärtswandler mit SMC-Regelung

6.3 Schlussfolgerung

Die Idee, den auf dem Zeta-Wandler basierenden Sinuswechselrichter zu implementieren, wird vorgestellt. Der stationäre Fehler wird reduziert. Der auf dem Aufwärtswandler basierende Leistungsfaktorregler wird auch mit der herkömmlichen PWM-basierten Technik und der auf der proportional-integralen Gleitfunktion basierenden SMC geregelt. Die Leistung der letzteren Regelung ist in Bezug auf die THD ziemlich zufriedenstellend.

Das Problem des Ratterns ist für SMC gut bekannt. Es gibt einige Techniken, die angewendet werden können, um das Rattern zu reduzieren. Die höherwertige Gleitmodusregelung (HOSMC) kann das Rattern mildern. Es gibt viele Algorithmen wie die SMC zweiter Ordnung, den suboptimalen, den Twisting- und den Supertwisting-Algorithmus (STA). Im nächsten Kapitel wird die Anwendung einer SMC zweiter Ordnung (SOSMC) für den DC/DC-Abwärtswandler diskutiert, um das Rattern in der Lastspannung abzumildern. Ein Vergleich der Leistung des Wandlers unter herkömmlicher oder klassischer SMC und SOSMC wird auch mit Simulations- und Experimentierergebnissen vorgestellt.

Literatur

1. Ang, S., Oliva, A.: Power Switching Converters. CRC Press, Taylor & Francis Group, Boca Raton (2005)
2. Caceres, R., Barbi, I.: A boost DC-AC converter analysis, design and experimentation. IEEE Trans. Power Electron. **14**(1), 134–141 (1999)
3. Chu, G., Tse, C., Chung, S., Tan, S.C.: A unified approach for the derivation of robust control for boost PFC converters. IEEE Trans. Power Electron. **24**(11), 2531–2544 (2009)
4. Fridman, L., Moreno, J., Iriarte, R.: Sliding Mode After the First Decade of the 21st Century. Springer, Berlin (2011)
5. Mohan, N., Undeland, T., Robbins, W.: Power Electronics. Wiley, Hoboken (2003)
6. Shtessel, Y., Baev, S., Biglari, H.: Unity power factor control in three phase AC/DC boost converter using sliding modes. IEEE Trans. Ind. Electron. **55**(11), 3874–3882 (2008)